物理学中的群理论

U0786566

曹义刚　李顺方　任晓燕　编著

科学出版社
北　京

内 容 简 介

本书是为物理学等专业群理论知识初学者编写的一部简明教程，主要内容包括群和群表示的基础知识、点群、转动群、置换群以及李群和李代数的基础知识。本书在传统群论教材的基础上增加了对类算子和类代数表示的介绍，以及群理论例题的较为详尽的推导。

本书可作为高等院校物理类专业本科生和研究生的教材，也可供其他理工科教师、科技工作者及研究生参考。

图书在版编目（CIP）数据

物理学中的群理论基础 / 曹义刚，李顺方，任晓燕编著. -- 北京 : 科学出版社, 2025. 7. -- ISBN 978-7-03-082795-1

Ⅰ. O411.1

中国国家版本馆 CIP 数据核字第 2025UC1277 号

责任编辑：胡庆家 / 责任校对：彭珍珍
责任印制：赵 博 / 封面设计：无极书装

科学出版社 出版
北京东黄城根北街 16 号
邮政编码：100717
http:// www.sciencep.com
三河市骏杰印刷有限公司印刷
科学出版社发行 各地新华书店经销
*
2025 年 7 月第 一 版 开本：720×1000 1/16
2025 年10月第二次印刷 印张：8 1/4
字数：140 000

定价：68.00 元

（如有印装质量问题，我社负责调换）

前　言

群理论是数学的一个分支，起始于18世纪后期开始的代数方程。18世纪70年代，法国数学家拉格朗日转变代数的思维，提出了方程根的排列和置换是解代数方程的关键，这极大地促进了代数方程理论的发展。但该方法不能对一般五次方程做根式求解。随后人们逐渐认识到一般四次方以上的代数方程没有根式解。挪威数学家阿贝尔指出，一般高于四次方的方程不可能代数求解，并解决了构造任意次方的代数可解的方程问题，但并不能判定已知方程是否可用根式求解。再后来，法国数学家伽罗瓦提出了群的概念，用群的理论彻底解决了根式求解代数方程的问题，并发展了一套关于群和域的理论，为数学研究提供了新的工具——群理论。这标志着数学发展进入到了现代阶段。

群理论又是描写物理世界对称性非常有用的工具。对称性在物理学中普遍存在且至关重要。利用群理论方法，可以直接对系统的许多性质作出定性说明，简化复杂计算，也可以对物理过程的发展趋势作出预言。群理论已经成为处理具有一定对称性的物理系统的一种强有力工具。现阶段，群理论已经在几乎所有的物理学领域都得到了广泛应用，如固体物理、凝聚态物理、原子分子物理、核物理和粒子物理以及统计物理，并在化学和生命科学等领域也有了很多应用。群理论已经成为现代物理学工作者必不可少的一个数学工具。经过不断的积累，群理论的一些术语和记号已经成为现代物理工作者的通用语言。群理论的地位和高等数学地位相当，对物理学专业的学生而言，学习群理论的内容是一门专业必修课。

目前，国内外出版的群理论教材各具特色，如何从众多群理论教材和参考书中遴选并编撰出一部适合不同专业初学者学习使用的群理论入门教材已成为群理论教学中的重要一环。作者多年讲授为研究生开设的“物理学中的群论”课程，并按照初学者认知过程编写了一部简明的试用教程。本书是在试用教程的基础上，增加了传统教材没有的一些例子的详细推导过程，有利于初学者的理解。此外，本书还分章节添加了习题，便于读者练习和掌握。再者，本书在第2章群的表示理论中初步介绍了类算子和类表示，为寻求表示新途径的读者打下了基础。全书共分七章。第 1 章介绍了群理论的基础知识。第 2 章介绍了群表示的基础以及类算子和类表示，此外还简单介绍了克莱布许–高登 (Clebsch-Gordan) 级数和克莱布许–高登系数。第 3 章至第 5 章是对常见的对称群进行具体分析。第 3 章从群理论角度详细阐述了点群的概念和性质以及 32 种晶体点群、七大晶系等点群的分类，最后还介绍了点群的标记和符号。第 4 章讨论了转动群的性质和表示，最后还简单介绍了角动量耦合和克莱布许–高登系数的计算。第 5 章详细阐述了置换和置换群的性质及表示。第 6 章和第 7 章分别简要介绍了一些李群和李代数的基本知识，作为初学者对李群和李代数的了解。

本书可以作为物理学、数学等不同专业本科生和研究生初学者的入门教材，也可以作为高等学校和科研院所不同专业的教师以及科研和工程技术人员的参考书。

由于作者学识和经验有限，不妥和疏漏之处在所难免，敬请广大读者批评指正。

作　者

2025 年 3 月

目　录

第1章　群的基础知识

1.1　群

1.1.1　群的概念

设集合 $G=\{\cdots,g_\alpha,\cdots,g_\beta,\cdots\}$，定义一种运算“乘法”且满足

(1) $\forall g_\alpha,g_\beta\in G,$ 存在 $g_\alpha g_\beta=g_\gamma\in G$； (1.1)

(2) $\forall f,g,h\in G,(fg)h=f(gh)$； (1.2)

(3) 存在唯一的单位元素 e，使 $eg=ge=g$； (1.3)

(4) $\forall f\in G$，存在唯一的逆元 $f^{-1}\in G$，使 $f^{-1}f=ff^{-1}=e$， (1.4)

则称 G 为一个群。我们通常用 $G=\{a\}$表示一个群，用 $a\in G$ 来表示 a 是群 G 中的一个元素 (读作 a 属于 G)。群的乘法顺序很重要，通常 $ab\neq ba$。阿贝尔群满足元素交换律，即对易，$[a,b]=ab-ba=0$。根据群的定义，可以看出群是一个整体概念，包含集合里的所有元素，缺一不可。

群中任何元素都可用 g_α 唯一标记，这里 α 为群参数。α 和群元 g_α 是一一对应的，即 $\alpha\neq\alpha'$ 时，$g_\alpha\neq g_{\alpha'}$。有限群的元素数量是有限的，元素的数量被称为有限群的阶。无限群的元素数量是无限的，这里群参数是连续变化的，如绕一固定轴的转运群 $\{C_{\boldsymbol{k}}(\varphi)\}$，群元 $C_{\boldsymbol{k}}(\varphi)$ 表示绕固定转动轴 $\boldsymbol{k}$ 转 φ 角度的操作，参数 φ 的变化范围为 $0\leqslant\psi\leqslant 2\pi$。

1.1.2　群的重排定理

定理 1.1.1 (重排定理)　设群 $G=\{g_\alpha\}$，$u\in G$，当 α 取遍所有可能值时，乘积 ug_α 给出并且仅仅一次给出 G 所有元素，即 $\{ug_\alpha\}$。

证明　首先证明任一群元 g_β 可表示成 ug_α：

$$\because u\in G$$
$$\therefore u^{-1}\in G,\exists u^{-1}g_\beta=g_\alpha\in G$$

$$\therefore g_\beta = ug_\alpha$$

再证明当α不同时，不同的ug_α给出G中不同的元素，即$\alpha \neq \alpha', ug_\alpha \neq ug_{\alpha'}$：若$\alpha \neq \alpha', ug_\alpha = ug_{\alpha'}$，$u^{-1}ug_\alpha = u^{-1}ug_{\alpha'}$，则

$$g_\alpha = g_{\alpha'}$$

但这与g_α和α唯一对应相矛盾，所以$\alpha \neq \alpha', ug_\alpha \neq ug_{\alpha'}$。

推论 1.1.1 当α取遍所有可能值时，$g_\alpha u$也给出并且仅仅一次给出群G的所有元素。

一般来讲，有限群都可以用一个表格的形式表示，称为群的乘法表。由群的重排定理可知，乘法表中每一行或每一列中每个群元出现而且仅仅出现一次，如表 1.1.1 中群$D_3=\{e,d,f,a,b,c\}$的乘法表。由重排定理知，乘法表中每一行（列）都不会有重复元素，大大限制了有限群实质不同的乘法表的数目。

表 1.1.1 群 $D_3=\{e,d,f,a,b,c\}$ 的乘法表

	e	d	f	a	b	c
e	e	d	f	a	b	c
d	d	f	e	c	a	b
f	f	e	d	b	c	a
a	a	b	c	e	d	f
b	b	c	a	f	e	d
c	c	a	b	d	f	e

1.1.3 举例

例 1.1.1 (实数加群) 如果定义群的乘法规则为实数的加法，则全体实数a在加法运算下构成一个群，叫做实数加群。这里，单位元为 0，因为$a+0=0+a=a$，$a+(-a)=(-a)+a=0$。但全体实数在乘法运算为数乘时，并不构成一个群，因为 0 没有逆元，除 0 外构成一个群，单位元为 1，a的逆元为$1/a$。{1} 是一阶群；{1, −1} 是二阶群；{1, i, $-i$, −1} 是四阶群。

例 1.1.2 (空间反演群) 空间反演群$\{e, i\}$包含 2 个元素，$e\boldsymbol{r}=\boldsymbol{r}$，$i\boldsymbol{r}=-\boldsymbol{r}$，群的乘法为从右到左连续对$\boldsymbol{r}$作用。$ei\boldsymbol{r}=e(-\boldsymbol{r})=-\boldsymbol{r}$，乘法表见表 1.1.2。

表 1.1.2 空间反演群的乘法表

	e	i
e	e	i
i	i	e

例 1.1.3 (循环群)　n 阶有限群 $C_n=\{a,a^2,\cdots,a^n=e\}$ 被称为循环群，a 叫做循环群的最小生成元。最小的正数 n 满足 $a^n=e$ 叫做元素 a 的阶。循环群乘法表的一般规则是生成元按幂次排列时，表的每一列都可由前一行向左移动一格得到，而最左的元素移到最右边去，循环移动。

例 1.1.4 (矩阵群)　矩阵群定义群的乘法规则为矩阵乘法，则所有非奇异的同阶矩阵构成一个群。单位元为单位矩阵，逆元为矩阵的逆。例如

$$\begin{pmatrix}1&0\\0&1\end{pmatrix}\quad 和 \quad \begin{pmatrix}-1&0\\0&-1\end{pmatrix}$$

构成一个二阶群；

$$M_1=\begin{pmatrix}1&0\\0&1\end{pmatrix},\quad M_2=\begin{pmatrix}1&0\\0&-1\end{pmatrix},\quad M_3=\begin{pmatrix}-1&0\\0&-1\end{pmatrix},\quad M_4=\begin{pmatrix}-1&0\\0&1\end{pmatrix}$$

$$M_5=\begin{pmatrix}0&-1\\1&0\end{pmatrix},\quad M_6=\begin{pmatrix}0&1\\-1&0\end{pmatrix},\quad M_7=\begin{pmatrix}0&1\\1&0\end{pmatrix},\quad M_8=\begin{pmatrix}0&-1\\-1&0\end{pmatrix}$$

构成一个 8 阶群，这里

$$M_1^{-1}=M_1,\quad M_2^{-1}=M_2,\quad M_3^{-1}=M_3,\quad M_4^{-1}=M_4$$

$$M_5^{-1}=M_6,\quad M_6^{-1}=M_5,\quad M_7^{-1}=M_7,\quad M_8^{-1}=M_8$$

例 1.1.5 (置换群)　定义置换操作

$$P=\begin{pmatrix}1&2&3&\cdots&n\\m_1&m_2&m_3&\cdots&m_n\end{pmatrix}$$

其中 $m_1,m_2,\cdots,m_n$ 是 1, 2, $\cdots$, n 的任意排列。P 表示把 1 映射为 m_1，2 映射为 m_2，$\cdots$，n 映射为 m_n，例如

$$\begin{pmatrix}1&2&3\\3&2&1\end{pmatrix}=\begin{pmatrix}2&3&1\\2&1&3\end{pmatrix}$$

置换群 S_n 是 n 个客体所有可能的置换操作的集合，群的阶数为 $n!$，如 S_3 群包括以下 6 个群元：

$$\begin{pmatrix}1&2&3\\1&2&3\end{pmatrix}=(1)=(2)=(3),\quad \begin{pmatrix}1&2&3\\2&1&3\end{pmatrix}=(1\ \ 2),\quad \begin{pmatrix}1&2&3\\3&2&1\end{pmatrix}=(1\ \ 3)$$

$$\begin{pmatrix}1&2&3\\1&3&2\end{pmatrix}=(2\ \ 3),\quad \begin{pmatrix}1&2&3\\2&3&1\end{pmatrix}=(1\ \ 2\ \ 3),\quad \begin{pmatrix}1&2&3\\3&1&2\end{pmatrix}=(1\ \ 3\ \ 2)$$

例 1.1.6 (D_3 群)　平面正三角形对称群 D_3 又称为六阶二面体群，如图 1.1.1 所示。D_3 群定义群的乘法规则为保持正三角形不变的空间转动操作，它包括 6

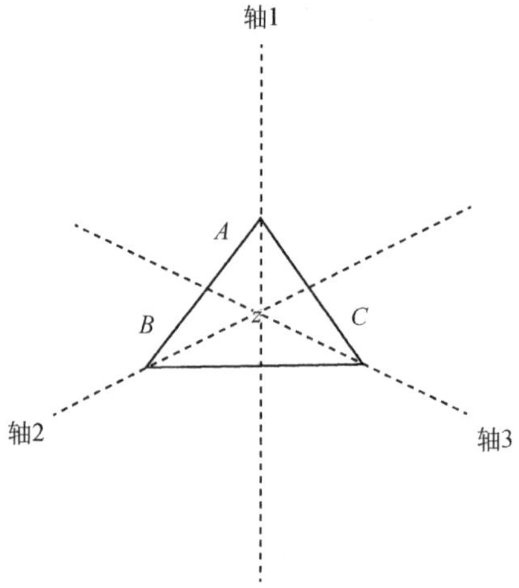

图 1.1.1

个群元，e 表示不变，d 表示绕 z 轴转 $2\pi/3$，f 表示绕 z 轴转 $4\pi/3$，a 表示绕轴 1 转 π，b 表示绕轴 2 转 π，c 表示绕轴 3 转 π。D_3 群的乘法表已由表 1.1.1 给出。

例 1.1.7 ($SO(2)$ 群) 二维特殊转动群 $SO(2)$ 定义为绕一固定轴转任意角度的转动操作的集合。例如 CO 分子在所有沿两原子质心连线转动操作下均保持不变，这些对称操作包括 $C_z(\varphi)$ ($0\leqslant\varphi\leqslant 2\pi$)，$z$ 为固定轴。很显然

$$C_z(\varphi_1)C_z(\varphi_2)=C_z(\varphi_2)C_z(\varphi_1)=C_z(\varphi_1+\varphi_2)$$

所以 $SO(2)$ 是一个连续的阿贝尔群。

例 1.1.8 ($SO(3)$ 群) 三维特殊转动群 $SO(3)$ 定义群的乘法为一个具有球形对称性的体系围绕其中心无论绕任意对称轴 $\boldsymbol{k}(\theta,\varphi)$ 转任意角度 ψ 均保持不变。这里，所有转动操作 $C_{k(\theta,\varphi)}(\psi)$ (其 $0\leqslant\theta\leqslant\pi$，$0\leqslant\varphi\leqslant 2\pi$，$0\leqslant\psi\leqslant 2\pi$) 的集合就构成了 $SO(3)$ 群。单位元为 $C_{k(\theta,\varphi)}(0)$，即不动。$C_{k(\theta,\varphi)}(\psi)$ 的逆元为 $C^{-1}_{k(\theta,\varphi)}(\psi)=C_{k(\pi-\theta,\pi+\varphi)}(\psi)$。这里，$\theta$，$\varphi$ 和 ψ 均为连续变量，且一般两次转动操作并不对易，因此，$SO(3)$ 是一个连续的非阿贝尔群。

综上所述，群的乘法规则可以是数乘和数的加法，也可以是空间反演、转动等连续两次操作和连续两次置换等。有限群的乘法规则，可以列为乘法表，无限群不能列出乘法表，但乘法规则是确定的。

1.2 子群和陪集

1.2.1 子群

设 H 是群 G 的一个子集，如果按 G 的乘法规则，H 也构成群，则称 H 为 G 的子群，记为 $H\subset G$。

显然，仅包含一个单位元素 e 的一阶群和 G 本身也是 G 的子群，被称为显然子群或平庸子群。其他非显然子群又被称为固有子群。

H 是群 G 非空子群的充要条件是

(1) $\forall h_\alpha, h_\beta \in H, h_\alpha h_\beta \in H$;　(1.5)

(2) $\forall h_\alpha \in H, h_\alpha^{-1} \in H$。　(1.6)

例如，如果定义群的乘法规则为实数的加法时，全体整数构成的群是全体实数构成群的子群。此外，$\{e,a\},\{e,b\},\{e,c\},\{e,d,f\}$ 是 D_3 群的子群。从 n 阶循环 G 的任一元素 a 出发，总可以构成 G 的一个循环子群 $z_k=\{a,a^2,\cdots,a^n=e\}$，即 k 阶循环子群。还有，二维转动群 $SO(2)$ 是三维转动群 $SO(3)$ 的子群。置换群 S_n 有子群链 $S_2 \subset S_3 \subset \cdots \subset S_{n-2} \subset S_{n-1} \subset S_n$。

1.2.2　陪集

设 H 是群 G 的子群，$H=\{h_\alpha\}$，由固定元素 $g \in G, g \notin H$ 可生成子群 H 的左陪集 $gH=\{gh_\alpha | h_\alpha \in H\}$，同样也可生成 H 的右陪集 $Hg=\{h_\alpha g | h_\alpha \in H\}$。

例如，在 D_3 群中，如果取子群 $H=\{e,a\}$，则由群元 b, c, d 可分别生成左陪集 $bH=\{b,f\}, cH=\{c,d\}, dH=\{d,c\}$，而 $fH=\{f,b\}=bH$。右陪集 $Hb=\{b,d\}$。所以，一般 $gH \neq Hg$。同一陪集中群元全不相同，陪集中元素的个数等于子群（有限群）的阶。陪集中不含单位元素 e，不是子群。此外，陪集和子群也没有公共元素，陪集与陪集之间满足以下陪集定理。

定理 1.2.1 (陪集定理)　设 H 是群 G 的子群，则 H 的两个左（右）陪集或有完全相同的元素，或没有任何公共元素。

证明　设 $u,v \in G$ $u,v \notin H$，则由 u,v 生成的 H 的陪集为

$$uH=\{uh_\alpha \mid h_\alpha \in H\}$$

$$vH=\{vh_\alpha \mid h_\alpha \in H\}$$

假设 uH 和 vH 有一公共元素，如 $uh_\alpha = vh_\beta$，则

$$v^{-1}u = h_\beta h_\alpha^{-1} \in H$$

根据群的重排定理，$v^{-1}uh_\gamma$ 给出 H 的所有元素一次，且仅一次。因此，左陪集 $v[v^{-1}uh_\gamma]=uh_\gamma$ 与左陪集 vh_γ 重合。

定理 1.2.2 (拉格朗日定理)　有限群子群的阶等于该有限群阶的因子。

该定理可以用数学如下描述：如果群 G 的阶为 n，群 G 的子群 H 的阶为 m，则 $n=m\times j$，其中 j 为整数，大小为 H 的陪集个数+1。

例如，D_3 群的子群有

$$H_1=\{e,a\},\quad H_2=\{e,b\},\quad H_3=\{e,c\},\quad H_4=\{e,d,f\}$$

D_3 可按 H_1 生成陪集：

$$bH_1 = \{b, f\} \quad \text{和} \quad cH_1 = \{c, d\}$$

这里 $n=6$，$m=2$，$j=3$，显然满足拉格朗日定理。我们也可以按 H_4 分成右陪集：$H_4a = \{a, b, c\}$，同样满足拉格朗日定理。

推论 1.2.1 素数 (即除 1 和自身外，不能表示为任何其他两个整数的积) 阶的群无非显然子群，即无固有子群，只能是循环群。

推论 1.2.2 如果群 G 的阶 $n = n_1 \cdot n_2$，其中 n_1, n_2 为互为不等的两个不为 1 的素数，且 G 是阿贝尔群，则 G 一定是循环群，至少有 $(n_1 - 1)\cdot(n_2 - 1)$ 个生成元。

1.2.3 类和不变子群

$\forall f, h \in G$，如果存在 $g \in G$，满足 $gfg^{-1} = h$，则称 f 与 h 共轭，记作 $f \sim h$。如果 $h \sim f$，则 $f \sim h$。显然，$h \sim h$，因为 $ehe^{-1} = h$。此外，如果 $f_1 \sim h, f_2 \sim h$，则 $f_1 \sim f_2$。

群 G 的所有相互共轭的元素集合组成 G 的一个类，记作

$$f = \{f' \mid f' = g_\alpha f g_\alpha^{-1}, g_\alpha \in G\}$$

g_α 取遍所有群元。从类的定义容易知道，单位元素组成一类，因为

$$e = \{e \mid e = g_\alpha e g_\alpha^{-1} = g_\alpha g_\alpha^{-1}, g_\alpha \in G\}$$

阿贝尔群的每个元素自成一类，因为

$$g = \{g \mid g = g_\alpha g g_\alpha^{-1} = g g_\alpha g_\alpha^{-1} = ge, g_\alpha \in G\}$$

设元素 f 的阶为 m，即 $f^m = e$，则 f 类所有元素的阶都是 m。两个不同的类没有公共元素，所以可以对群按共轭类进行分割。不同类中元素个数不一定相同。例如，D_3 群有 3 个类：

$$\{e\}, \quad \{d, f\}, \quad \{a, b, c\}$$

S_3 也有 3 个类：

$$\{(1)\}, \quad \{(1\ \ 2\ \ 3), (1\ \ 3\ \ 2)\}, \quad \{(1\ \ 2), (1\ \ 3), (2\ \ 3)\}$$

不同类中元素个数不同。

设 H, K 是 G 的子群，若

$$K = gHg^{-1} = \{k = ghg^{-1} \mid h \in H\}, \quad g \in G$$

则称 H 是 K 的共轭子群。如 D_3 群中，$\{e, a\}, \{e, b\}, \{e, c\}$ 互为共轭子群，这里 $g = d$。显然，如果 H 与 K 共轭，则 K 与 H 共轭。另外，如果 H_1, H_2 是 K 的共轭

子群，则 H_1, H_2 也互为共轭子群，G 的全部子群可以分割为共轭子群类。

假设 H 是群 G 的子群，若 $\forall g \in G, h_\alpha \in H$，有 $g h_\alpha g^{-1} \in H$ (即如果 H 包含元素 h_α，则它将包含所有与 h_α 同类的元素)，则称 H 是 G 的不变子群。例如，以加法为群的乘法规则时，整数加法群是实数的不变子群。又如，阿贝尔群的所有子群都是不变子群。

定理 1.2.3　设 H 是群 G 的不变子群，对任一固定元素 $f \in G$，在 h_α 取遍 H 的所有群元时，乘积 $f h_\alpha f^{-1}$ 一次并且仅一次给出 H 的所有元素。

证明

$$\because H \text{ 是 } G \text{ 的不变子群}$$

$$\therefore \forall h_\beta \in H,\quad f \in G,\quad f^{-1} h_\beta f \in H$$

令 $f^{-1} h_\beta f = h_\alpha$，则 $h_\beta = f h_\alpha f^{-1} \in H$。当 $h_\alpha \neq h_\gamma$ 时，

$$f h_\alpha f^{-1} \neq f h_\gamma f^{-1}$$

否则引起矛盾，所以 $f h_\alpha f^{-1}$ 仅仅一次给出 H 的所有元素。

不变子群的左右陪集相同。例如，D_3 群中，$H = \{e, d, f\}$ 为不变子群，$aH = \{a, b, c\}, Ha = \{a, c, b\}$，但注意，$ad = b, da = c, ad \neq da$。

定理 1.2.4　不变子群的两个陪集中元素的乘积一定属于另一陪集。

证明　设 H 是 G 的不变子群，由 H 生成的两个陪集为 $g_i H, g_j H$，则有

$$g_i h_\alpha g_j h_\beta = g_i g_j g_j^{-1} h_\alpha g_j h_\beta = g_i g_j h_\gamma h_\beta = g_i g_j h_\delta = g_k h_\delta \in g_k H$$

这里

$$h_\gamma = g_j^{-1} h_\alpha g_j,\quad h_\delta = h_\gamma h_\beta,\quad g_k = g_i g_j$$

故定理得证。

如果群 G 没有不变子群，我们就称 G 为单群。如果群 G 不存在一个阿贝尔不变子群，我们就称 G 为半单群。例如，$SO(3)$ 是个单群，但 $SO(2)$ 不是。又如，S_3 不是半单群，因为 S_3 包含一个阿贝尔不变子群 $A_3 = \{(1), (1\ \ 2\ \ 3), (1\ \ 3\ \ 2)\}$。

1.2.4　商群

不变子群和它所有陪集的集合构成一个群，叫做商群，记作

$$G/H = \{H,\ g_1 H, \cdots, g_i H, \cdots\}$$

因为 $g_i H \cdot g_j H = g_i g_j H H = g_k H \in G/H$，故单位元素为 H，$g_i H$ 的逆元为 $g_i^{-1} H$。

例如，D_3 群的不变子群为 $H = \{e, d, f\}$，H 的陪集为 $H = \{e, d, f\} \to f_0$，

$aH=\{a,b,c\}\to f_1$。商群为$\{H,aH\}$或$\{f_0,f_1\}$，它为二阶循环群。又如，$S_3/A_3=\{A_3,B\}$是个二阶商群, 其中

$$A_3=\{(1),(1\ \ 2\ \ 3),(1\ \ 3\ \ 2)\},\ B=\{(1\ \ 2),(1\ \ 3),(2\ \ 3)\}$$

这里,

$$A_3A_3=A_3,\ BB=A_3,\ BA_3=A_3B=B$$

因此$S_3/A_3=S_2$。

1.3 群的同构与同态

1.3.1 同构

给定群 G 和 F, 如果存在一一对应的满射Φ，且保持群的基本运算规则不变, 即 G 中两个元素乘积的映射等于两个元素映射的乘积, 即

$$\forall g_\alpha,g_\beta\in G,\quad f_\alpha=\Phi(g_\alpha)\in F,\quad f_\beta=\Phi(g_\beta)\in F,\quad \Phi(g_\alpha g_\beta)=\Phi(g_\alpha)\Phi(g_\beta)\in F$$

则称 G 与 F 同构, 记作$G\cong F$，Φ叫做同构映射。

从两个群的同构关系可知, 一个群的单位元素一定映射为另一个群的单位元素。一个群的逆元也一定映射为另一个群的逆元。同构关系具有对称性, 即如果群 G 与群 F 同构, 那么 F 一定与 G 同构。此外, 群 G 与自身同构。再者, 如果群 G 与群 F_1 和 F_2 都同构, 那么 F_1 和 F_2 也同构。两个同构的群应用到物理问题时会有不同的形式, 但却具有相同的群结构和相同的乘法表。例如, 二阶空间反演群$\{e,i\}$与二阶循环群$Z_2=\{e,a\}$同构。S_3与D_3同构。群 G 的两个互为共轭的子群 H, K 同构。

定义自身到自身的映射, 即$\nu:G\to G$为自同构映射, 则所有自同构映射构成的群, 称为自同构群, 记作$A(G)$。例如, 三阶循环群$Z_3=\{e,a,a^2\}$的自同构群为$A(Z_3)=\{\nu_0,\nu\}$，这里,

$$\nu_0:\{e,a,a^2\}\to\{e,a,a^2\},\ \nu:\{e,a,a^2\}\to\{e,a^2,a\}$$

因此，$A(Z_3)$与Z_2同构。

进一步, 如果上述自同构映射$\nu\in G$，这样的映射被称为内自同构映射, 所有内自同构映射构成的群叫做内自同构群, 记作$I(G)$或$\mathrm{In}(G)$。显然，$I(G)$是$A(G)$的一个子群, 而且是不变子群。

1.3.2　同态

设存在一个 $G \to F$ 上的满射 Φ，Φ 能够保持群的基本运算规律不变，即 G 中两个元素乘积的映射，等于两个元素映射的乘积（亦即 $\Phi(g_\alpha g_\beta) = \Phi(g_\alpha)\Phi(g_\beta)$），则称群 G 与 F 同态，记作 $G \sim F$ 。

与同构不同，同态关系不具有对称性，也就是说，如果 G 与 F 同态，F 不一定与 G 同态。同态一般是指大群 G 到小群 F，F 仅反映 G 的部分性质。同构一定同态，是一种特殊的同态。此外，$\Phi(g_0) = f_0$，$\Phi(g_i^{-1}) = f_i^{-1}$ 。

设 $G \sim F$，G 中与 F 的单位元素 f_0 对应的元素集合 $H = \{h_\alpha\}$，称为 G 的同态核。例如，D_3 群的同态核为 $H = \{e, d, f\}$，$D_3 \sim Z_2$，其中 $H \to e$，$H' = \{a, b, c\} \to a$ 。

定理 1.3.1 (同态核定理)　设 $G \sim F$，则

(1) 群 G 的同态核 H 是 G 的不变子群；

(2) 商群 G/H 与 F 同构。

证明　(1) 先证明 H 是 G 的子群。$\forall h_\alpha, h_\beta \in H$，

$$\because \Phi(h_\alpha) = f_0,\quad \Phi(h_\beta) = f_0$$

$$\therefore \Phi(h_\alpha h_\beta) = \Phi(h_\alpha)\Phi(h_\beta) = f_0$$

$$\therefore h_\alpha h_\beta \in H$$

再者，

$$\because \Phi(g_0) = f_0$$

$$\therefore \exists g_0 \in H$$

假设 $h_\alpha^{-1} \notin H$，$\Phi(h_\alpha^{-1}) = f_0'$，则

$$\Phi(h_\alpha^{-1} h_\alpha) = \Phi(g_0) = f_0' f_0 = f_0$$

这显然与假设 $h_\alpha^{-1} \notin H$ 矛盾，所以 H 是 G 的子群。又

$$\because \Phi(h_\alpha) = f_0,\quad \Phi(g_i) = f_i,\quad \Phi(g_i^{-1}) = f_i^{-1}$$

$$\therefore \Phi(g_i h_\alpha g_i^{-1}) = \Phi(g_i)\Phi(h_\alpha)\Phi(g_i^{-1}) = f_i f_0 f_i^{-1} = f_0$$

$$\therefore g_i h_\alpha g_i^{-1} \in H$$

即 H 是 G 的不变子群。

(2) 再证明 H 的一个陪集 $g_i H = \{h_i h_\alpha\}$ 对应 F 的一个元素。设 $\Phi(g_i) = f_i$，则

$$\Phi(g_i h_\alpha) = \Phi(g_i)\Phi(h_\alpha) = f_i f_0 = f_i,\quad \forall h_\alpha \in H$$

假设当 $g_i H \neq g_j H$ 时，

$$\Phi(g_i) = f_i = \Phi(g_j) = f_j$$

$$\because \varPhi\left(g_i^{-1}g_jh_\alpha\right)=f_i^{-1}f_jf_0=f_0$$
$$\therefore g_i^{-1}g_jh_\alpha \in H$$
则 g_iH 与 g_jH 重合，所以商群 G/H 与 F 同构。

同态核定理说明映射保持群的乘法规律不变，它是关于同态性质的重要定理。群的同态映射是保持群结构的一种映射。例如，D_3 群与二阶循环群 Z_2 同态，同态核是不变子群 $H=\{e,d,f\}$，陪集是 $aH=\{a,b,c\}$。

1.4 群的直积和半直积

1.4.1 直积

设 $g_{1\alpha}\in G_1, g_{2\beta}\in G_2$，定义直积群 $G=G_1\otimes G_2$，其群元 $g_{\alpha\beta}$ 可唯一表示为
$$g_{\alpha\beta}=g_{1\alpha}g_{2\beta}=g_{2\beta}g_{1\alpha}$$
直积群的乘法为
$$g_{\alpha\beta}g_{\alpha'\beta'}=g_{1\alpha}g_{2\beta}g_{1\alpha'}g_{2\beta'}=g_{1\alpha''}g_{2\beta''}=g_{\alpha''}g_{\beta''}\in G$$
单位元为 $e=e_1e_2$，逆元为 $g_{\alpha\beta}^{-1}=g_{1\alpha}^{-1}g_{2\beta}^{-1}$。

当 G 的子群 G_1,G_2 满足 $\forall g_{\alpha\beta}\in G$，唯一存在 $g_{\alpha\beta}=g_{1\alpha}g_{2\beta}, g_{1\alpha}\in G_1, g_{2\beta}\in G_2$，且按 G 的乘法规则满足 $g_{1\alpha}g_{2\beta}=g_{2\beta}g_{1\alpha}$ 时，称 G_1,G_2 为 G 的直积因子。显然，

(1) e 是 G_1,G_2 的唯一的公共元素；

(2) G_1,G_2 是 G 的不变子群；

(3) $G/G_1\cong G_2, G/G_2\cong G_1$。

(2) 和 (3) 的证明如下。首先 $\forall g_{1\alpha}\in G_1$，与 $g_{1\alpha}$ 同类的元素
$$(g_{1\alpha'}g_{2\beta'})g_{1\alpha}(g_{1\alpha'}g_{2\beta'})^{-1}=g_{1\alpha'}g_{2\beta'}g_{1\alpha}g_{2\beta'}^{-1}g_{1\alpha'}^{-1}=g_{1\alpha'}g_{1\alpha}g_{1\alpha'}^{-1}\in G_1$$
所以 G_1 是 G 的不变子群。同理，G_2 也是 G 的不变子群。商群 $G/G_1\cong G_2$，$G/G_2\cong G_1$。

例如，6 阶循环群 $Z_6=\{a,a^2,a^3,a^4,a^5,a^6=e\}$ 是二阶循环群 $Z_2=\{a^3,a^6=e\}$ 和三阶循环群 $Z_3=\{a^2,a^4,a^6=e\}$ 的直积群，即
$$Z_6=Z_2\otimes Z_3,\quad Z_6/Z_2\cong Z_3,\quad Z_6/Z_3\cong Z_2$$

又如，三维正交群 $O(3)$ 是特殊三维正交群 $SO(3)$ 与二阶空间反演群 $\{e,i\}$ 的直积群，即 $O(3)=SO(3)\otimes\{e,i\}$。再如，置换群 S_3 是 $A_3=\{e,(1\ \ 2\ \ 3),(1\ \ 3\ \ 2)\}$ 和 $S_2=\{(1),(1\ \ 2)\}$ 的直积群，即 $S_3=A_3\otimes S_2$。

1.4.2 半直积

设群 $G_1=\{g_{1\alpha}\},G_2=\{g_{2\beta}\}$，$A(G_1)$ 为 G_1 的自同构群，$v\in A(G_1)$，如果存在一个同态映射 $\Phi:G_2\to A(G_1)$，即 $\Phi(g_{2\beta})=v_{2\beta}$，则可以定义半直积群为 $G=G_1\otimes_s G_2$。G 的任一元素 $g_{\alpha\beta}$ 可唯一表示为 $g_{\alpha\beta}=\langle g_{1\alpha}g_{2\beta}\rangle$，其中 $g_{1\alpha}$ 和 $g_{2\beta}$ 是有序的。G 的乘法定义为

$$g_{\alpha\beta}g_{\alpha'\beta'}=\langle g_{1\alpha}g_{2\beta}\rangle\langle g_{1\alpha}g_{2\beta}\rangle=\langle g_{1\alpha}v_{g_{2\beta}}g_{2\beta}g_{2\beta'}\rangle$$

这里需要注意的是，G_1,G_2 不能交换次序，如果 $G=G_1\otimes_s G_2$，则 G_1 是 G 的不变子群，但 G_2 不是；当 G_2 也是 G 的不变子群时，半直积退化为直积，即半直积比直积群的条件弱。有些群不能作为简单的直积，但可以作为半直积。

习　题

1. 证明：整数模 n 在加法运算下构成一个群，且是循环群。

2. 证明：n 个复数 $\exp(2\pi mi/2)$ $(m=0,1,\cdots,n-1)$ 在乘法运算下构成循环群 C_n。

3. 证明：如果两个群元 a 和 b 对易，则其逆元 a^{-1} 和 b^{-1} 也对易。

4. 证明：当 α 取遍所有可能值时，$g_\alpha u$ 给出并且仅一次给出群 G 的所有元素。

5. 写出群 $C_{4v}=\{e,C_4,C_4^2,C_4^3,\sigma_1,\sigma_2,\sigma_3,\sigma_4\}$ 的乘法表。

6. 核实下列 C_{3v} 的乘法表：

C_{3v}	e	σ_3	σ_2	σ_1	C_3	C_3^2
e	e	σ_3	σ_2	σ_1	C_3	C_3^2
σ_3	σ_3	e	C_3^2	C_3	σ_1	σ_2
σ_2	σ_2	C_3	e	C_3^2	σ_3	σ_1
σ_1	σ_1	C_3^2	C_3	e	σ_2	σ_3

续表

C_3	C_3	σ_2	σ_1	σ_3	C_3^2	e
C_3^2	C_3^2	σ_1	σ_3	σ_2	e	C_3

7. 证明：H 是群 G 非空子群的充要条件是 (1.5) 和 (1.6)。

8. 设 H_1 和 H_2 是群 G 的两个子群，证明：H_1 和 H_2 的公共元素的集合也构成 G 的子群。

9. 证明拉格朗日定理：有限群子群的阶等于该有限群阶的因子。

10. 证明：素数阶的群无固有子群，只能是循环群。

11. 证明：如果群 G 的阶 $n = n_1 \cdot n_2$，其中 n_1, n_2 为互不相等的两个不为 1 的素数，且 G 是阿贝尔群，则 G 一定是循环群。

12. 设 g_α 和 g_β 是群 G 的任意元素，证明：$g_\alpha g_\beta$ 与 $g_\beta g_\alpha$ 同属一类。

13. 求有限群中具有相同阶的元素是否属同一类？证明之。

14. 证明 $A_3 = \{(1),(1\ \ 2\ \ 3),(1\ \ 3\ \ 2)\}$ 是 S_3 的不变子群，并求商群 S_3/A_3。

15. 求 6 阶循环群的所有不变子群以及其对应的商群。

16. 证明：内自同构群 $I(G)$ 是自同构群 $A(G)$ 的一个子群，而且是不变子群。

17. 求 D_3 群的自同构群，它是内自同构群吗？证明之。

第 2 章　群的表示理论

2.1　群表示的概念

群通过其表示在自然科学中被广泛应用。群表示经常出现在具有某些对称性的物理问题中。

2.1.1　线性变换 (算子) 及其表示

设集合 $K=\{a,b,c,\cdots\}$，定义两种运算：

(1) 加法：K 中的元素在加法运算下构成阿贝尔群，单位元素为 0；

(2) 乘法 (0 除外)：K 中的元素在乘法运算下也构成阿贝尔群，其单位元素为 1，且满足分配律 $a(b+c)=ab+ac$，这样的集合 K 被称为数域，如实数域 R 和复数域 C。

定义向量集合 $V=\{x,y,z,\cdots\}$，该集合中的元素满足

(1) 加法：$\forall x,y,z\in V$，$x+y=y+x, x+(y+z)=(x+y)+z$；存在唯一的单位元素 0，满足 $0+x=x, \forall x\in V$；存在唯一的逆元 $(-x), \forall x\in V$，满足 $x+(-x)=0$；

(2) 数乘：$\forall a,b\in K, x,y\in V$，满足 $ax\in V$，$(ab)x=a(bx)$，$a(x+y)=ax+ay$，$(a+b)x=ax+bx$，

则上述向量集合 V 就构成线性空间，即 V 为数域 K 上的线性空间。n 维向量空间有 n 个基矢：

$$e_1=\begin{pmatrix}1\\0\\\vdots\\0\end{pmatrix},\quad e_2=\begin{pmatrix}0\\1\\\vdots\\0\end{pmatrix},\quad \cdots,\quad e_n=\begin{pmatrix}0\\0\\\vdots\\1\end{pmatrix}$$

任一向量可表示为

$$x=x_1e_1+x_2e_2+\cdots+x_ne_n=\sum_{i=1}^{n}x_ie_i,\quad x_i\in K$$

所有向量都可以用列向量表示成

$$x=\begin{pmatrix} x_1 \\ x_2 \\ \vdots \\ x_n \end{pmatrix}$$

定义 A 和 B 为 V 上的线性映射 (又称为线性变换或线性算子)：$\forall a\in K$，$\forall x,y\in V$，$\exists A(x)=y\in V$ 且满足

$$A(ax+y)=aA(x)+A(y)\in V$$

$$(A+B)(x)=A(x)+B(x)$$

$$(aA)(x)=aA(x),\quad AB(x)=A(B(x))$$

一旦 V 的表象确定后，线性变换 A 可以表示为

$$A=\begin{pmatrix} A_{11} & A_{12} & \cdots & A_{1n} \\ A_{21} & A_{22} & \cdots & A_{2n} \\ \vdots & \vdots & \vdots & \vdots \\ A_{n1} & A_{n2} & \cdots & A_{nn} \end{pmatrix}$$

A 对基的作用为

$$Ae_j=e'_j=\sum_{i=1}^{n}A_{ij}e_i$$

A 对向量 $(Ax)_i=(x')_i=A_{i1}x_1+A_{i2}x_2+\cdots+A_{in}x_n=\sum_{j=1}^{n}A_{ij}x_j$ 的作用为

$$(Ax)_i=(x')_i=A_{i1}x_1+A_{i2}x_2+\cdots+A_{in}x_n=\sum_{j=1}^{n}A_{ij}x_j$$

如果 $\det A\neq 0$，则称 A 为非奇异线性变换 (即 A 为非奇异矩阵)，则 A 存在逆变换 A^{-1}。V 的表象确定后，线性变换的运算规则按矩阵运算规则进行。

2.1.2 对易算子完备集 (CSCO) 及其表示

考虑 n 维线性空间 V 上一自伴算子 (厄米算子) C，设

$$C|\varphi_b\rangle=\sum_a C_{ab}|\varphi_a\rangle \tag{2.1}$$

其中

$$C_{ab}=\langle\varphi_a|C|\varphi_b\rangle \tag{2.2}$$

算子 C 的本征矢满足

$$C\left|\psi^{\nu}\right\rangle=\nu\left|\psi^{\nu}\right\rangle \tag{2.3}$$

该本征矢可以用 V 的基矢 $\left|\varphi_a\right\rangle$ 展开：

$$\left|\psi^{\nu}\right\rangle=\sum_a u_{\nu a}\left|\varphi_a\right\rangle \tag{2.4}$$

把 (2.4) 代入 (2.3)，并左乘 $\left\langle\varphi_a\right|$，得

$$\sum_{b=1}^{n}(C_{ab}-\nu\delta_{ab})u_{\nu b}=0,\quad a=1,2,\cdots,n \tag{2.5}$$

上式存在非零解的条件是

$$\det|C_{ab}-\nu\delta_{ab}|_1^n=\prod_{i=1}^{k}(\nu-\nu_i)^{M_{\nu_i}}=0 \tag{2.6}$$

公式 (2.6) 叫做本征值方程，又叫做期望值方程。利用此方程，可以求出本征值 ν_i 以及简并度 M_{ν_i}。一般来讲，存在 k 个不同的本征值 ν_1，ν_2，…，ν_k。简并度 M_{ν_i} 满足

$$\sum_{i=1}^{k}M_{\nu_i}=n \tag{2.7}$$

一个本征值 ν，存在 M_ν 个线性独立的本征矢：

$$\left|\psi_j^{(\nu)}\right\rangle,\quad j=1,2,\cdots,M_\nu \tag{2.8}$$

上述 M_ν 个本征矢构成 V 空间的一个 M_ν 维子空间 L_ν。L_ν 叫做算子 C 的本征矢空间。L_ν 中任一矢量

$$\left|\phi^{(\nu)}\right\rangle=\sum_{i=1}^{M_\nu}c_i\left|\psi^{(\nu)}\right\rangle \tag{2.9}$$

均是算子 C 本征值为 ν 的本征矢。本征空间可以形式定义为

$$CL_\nu=\nu L_\nu \tag{2.10}$$

或者

$$L_\nu=\left\{\left|\psi^{\nu}\right\rangle:C\left|\psi^{\nu}\right\rangle=\nu\left|\psi^{\nu}\right\rangle\right\} \tag{2.11}$$

由于 C 是自伴 (厄米) 算子，属于不同本征值 ν 的本征矢是正交的，即本征空间 L_ν 彼此正交。因此，n 维空间 V 可以分解成 k 个 C 的正交本征子空间的直和：

$$\sum_{\nu=1}^{k}\oplus L_\nu \tag{2.12}$$

在空间 V 上，如果一组对易算子 $C=(C_1,C_2,\cdots,C_l)$ 的所有本征值都是非兼并的，我们就称该组对易算子构成了一个对易算子完备集 (Complete Set of Commuting Operators, CSCO)。令 $\left|\psi_{\lambda_1}\right\rangle,\left|\psi_{\lambda_2}\right\rangle,\cdots,\left|\psi_{\lambda_l}\right\rangle$ 分别表示算子 $C_1,C_2,\cdots,C_l$ 的本征矢，

则本征值方程满足

$$\begin{pmatrix} C_1 \\ \vdots \\ C_l \end{pmatrix} |\psi_{\lambda_1} \cdots \psi_{\lambda_l}\rangle = \begin{pmatrix} \lambda_1 \\ \vdots \\ \lambda_l \end{pmatrix} |\psi_{\lambda_1} \cdots \psi_{\lambda_l}\rangle \tag{2.13}$$

上述方程可以写为如下形式：

$$C|\psi_\lambda\rangle = \lambda|\psi_\lambda\rangle,\quad \lambda = (\lambda_1, \cdots, \lambda_l) \tag{2.14}$$

$$|\psi_\lambda\rangle = \sum_a u_{\lambda a}|\varphi_a\rangle \tag{2.15}$$

在 n 维空间 V 上，算子 C 有 n 个不同的本征值，每一个本征值 λ 对应一个本征矢 $|\varphi_\lambda\rangle$。V 中 n 个本征矢 $|\varphi_\lambda\rangle$ 组成一个集合。若所有的算子 C_i 都是自伴算子，那么属于不同本征值 λ 的本征矢是正交的，因此在 V 中对易算子完备集的本征矢组成正交完备系，

$$\langle\psi_\lambda|\psi_{\lambda'}\rangle = \delta_{\lambda,\lambda'},\quad \sum_\lambda |\psi_\lambda\rangle\langle\psi_{\lambda'}| = 1 \tag{2.16}$$

利用 (2.15)，上式可以表述为

$$\sum_a u_{\lambda a}^* u_{\lambda' a} = \delta_{\lambda,\lambda'},\quad \sum_\lambda u_{\lambda a}^* u_{\lambda' b} = \delta_{ab} \tag{2.17}$$

换言之，算子 C 的表示（$u_{\lambda a}$）是酉（幺正）矩阵。

需要强调的是，对易算子完备集与一个特殊空间相关。线性空间 L_n 上的对易算子完备集一般不是另一线性空间 L_m 上的对易算子完备集。

2.1.3 群的线性表示

设 V 为 n 维复向量空间，即 V 为复数域 C 上的 n 维向量空间，在定义乘法为依次进行两个线性变换时，V 上全部非奇异线性变换就构成一个群，称为一般 n 维复线性变换群，记作 $GL(n,C)$。显然它有无穷多元素。该群的单位元素为恒等变换

$$E_{n\times n} = \begin{pmatrix} 1 & 0 & \cdots & 0 \\ 0 & 1 & \cdots & 0 \\ \vdots & \vdots & \vdots & \vdots \\ 0 & 0 & 0 & 1 \end{pmatrix}_{n\times n}$$

A 的逆元为逆矩阵 A^{-1}。$GL(n,C)$ 的子群 $L(n,C)$ 为 V 上的线性变换群。$GL(n,C)$ 包含了所有的线性变换，也就是所有的非奇异 n 阶方阵。对于特定的抽象群，我们需要用到的是其中的某些线性变换而不是所有，因此，线性变换群 $L(n,C)$

更常用。

群 G 到线性空间 V 上线性变换群 $L(n,C)$ 的同态映射 A，称为 G 的一个线性表示。V 为表示空间，当 V 的维数为 n 时，表示 A 的维数也是 n。记作 $A:G\to L(V,C)$，即 $\forall g_\alpha\in G$，$\exists A(g_\alpha)\in L(V,C)$，且保持 G 的乘法规律不变，亦即 $\forall g_\alpha,g_\beta\in G$，有

$$A(g_\alpha g_\beta)=A(g_\alpha)A(g_\beta) \tag{2.18}$$

如果 G 的单位元素为 g_0，对应于 V 上恒等变换 $A(g_0)=E_{n\times n}$。G 的互逆元素 g_α 和 g_α^{-1}，对应于 V 上互逆变换 $A(g_\alpha)$ 和 $A(g_\alpha^{-1})=A(g_\alpha)^{-1}$。

如果表示中每个映射都是同构映射 (即一一对应的映射)，这样的表示叫做忠实表示。一旦选定表示空间 V 的一组基，线性变换群就和矩阵群同构，所以群 G 在表示空间 V 上的线性表示，也可以定义为 G 到 $n\times n$ 矩阵群的同态映射 A，即 $\forall g_\alpha\in G$，存在非奇异矩阵 $A(g_\alpha)$ 与之对应，且 $\forall g_\alpha,g_\beta\in G$，矩阵乘法保持不变，即 $A(g_\alpha g_\beta)=A(g_\alpha)A(g_\beta)$。注意，任意群元 g_α 的表示矩阵 $A(g_\alpha)$ 都应该是非奇异的，即 $\det A(g_\alpha)\neq 0$。如果 $G\cong G'$，A 是 G 的一个表示，则 A 必是 G' 的一个表示。G 和 G' 可能代表不同的物理意义，表示 A 在 G 中代表的意义也可能不同。

任何群 $G=\{g_\alpha\}$，恒与 1 (一阶单位矩阵) 同态，因此 1 是所有群的一维恒等表示。

另外，任何矩阵群本身就是它的一个表示，且是忠实表示。

取线性空间为三维实空间，即 $V=R^3$。假设取笛卡儿坐标系，其基矢为

$$e_1=\begin{pmatrix}1\\0\\0\end{pmatrix},\quad e_2=\begin{pmatrix}0\\1\\0\end{pmatrix},\quad e_3=\begin{pmatrix}0\\0\\1\end{pmatrix}$$

则空间反演群 $G_i=\{e,i\}$ 的表示为

$$A(e)=\begin{pmatrix}1&0&0\\0&1&0\\0&0&1\end{pmatrix},\quad A(i)=\begin{pmatrix}-1&0&0\\0&-1&0\\0&0&-1\end{pmatrix}$$

空间转动群的子群 $\{E=C_k(0),C_k(\pi)\}$ 的表示为

$$A(E)=\begin{pmatrix}1&0&0\\0&1&0\\0&0&1\end{pmatrix},\quad A(C_k(\pi))=\begin{pmatrix}-1&0&0\\0&-1&0\\0&0&-1\end{pmatrix}$$

关于 x,y 平面的反射群 $\{E,\sigma_k\}$ 的表示为

$$A(E)=\begin{pmatrix}1&0&0\\0&1&0\\0&0&1\end{pmatrix},\quad A(\sigma_k)=\begin{pmatrix}1&0&0\\0&1&0\\0&0&-1\end{pmatrix}$$

下面以 D_3 为例，给出求解群表示的一般方法。首先，D_3 有一维恒等表示

$$A(e)=A(d)=A(f)=A(a)=A(b)=A(c)=1$$

其次，因为

$$D_3\sim Z_2=\{a,a^2=1\},\quad D_3/H=Z_2,\quad H=\{e,d,f\}$$

所以 D_3 的一维非恒等表示为

$$A(e)=A(d)=A(f)=1,\quad A(a)=A(b)=A(c)=-1$$

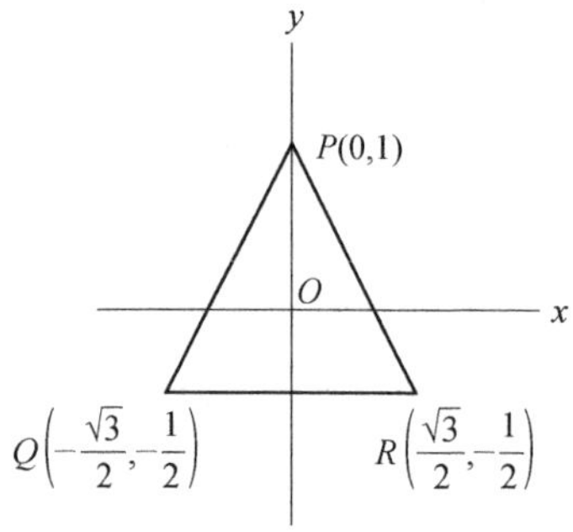

图 2.1.1

这里值得注意的是，通过不变子群的商群求群的表示，是求群的表示尤其是求群的一维非恒等表示的一种常用方法。

下面求 D_3 群的二维表示。选 $V=R^2$，取笛卡儿坐标原点在正三角形 $\triangle PQR$ 的重心，x 轴平行于 QR，基矢 $e_1=\begin{pmatrix}1\\0\end{pmatrix}$，$e_2=\begin{pmatrix}0\\1\end{pmatrix}$，如图 2.1.1 所示。这里以求 $A(d)$ 为例，给出求解群表示矩阵元的一般方法：

$$\because A(x)_i=\sum_j A_{ij}x_j$$

$$\therefore (A(d)P)_1=Q_1=A(d)_{11}P_1+A(d)_{12}P_2=A(d)_{11}\cdot 0+(d)_{12}\cdot 1=-\frac{\sqrt{3}}{2}$$

$$\therefore A(d)_{12}=-\frac{\sqrt{3}}{2}$$

$$\text{又}\because (A(d)P)_2=Q_2=A(d)_{21}P_1+A(d)_{22}P_2=A(d)_{21}\cdot 0+(d)_{12}\cdot 1=-\frac{1}{2}$$

$$\therefore A(d)_{22}=-\frac{1}{2}$$

$$\because (A(d)Q)_1=R_1=A(d)_{11}Q_1+A(d)_{12}Q_2$$

$$=A(d)_{11}\cdot\left(-\frac{\sqrt{3}}{2}\right)+(d)_{12}\cdot\left(-\frac{1}{2}\right)=\frac{\sqrt{3}}{2}$$

$$\therefore A(d)_{11}=-\frac{1}{2}$$

$$又\because (A(d)Q)_2 = R_2 = A(d)_{21}Q_1 + A(d)_{22}Q_2$$

$$= A(d)_{21}\cdot\left(-\frac{\sqrt{3}}{2}\right) + A(d)_{22}\cdot\left(-\frac{1}{2}\right)$$

$$= -\frac{1}{2}$$

$$\therefore A(d)_{21} = \frac{\sqrt{3}}{2}$$

$$\therefore A(d) = \begin{pmatrix} -\frac{1}{2} & -\frac{\sqrt{3}}{2} \\ \frac{\sqrt{3}}{2} & -\frac{1}{2} \end{pmatrix}$$

其他群元的表示同理可以求出：

$$A(f) = \begin{pmatrix} -\frac{1}{2} & \frac{\sqrt{3}}{2} \\ -\frac{\sqrt{3}}{2} & -\frac{1}{2} \end{pmatrix}, \quad A(a) = \begin{pmatrix} -1 & 0 \\ 0 & 1 \end{pmatrix}, \quad A(b) = \begin{pmatrix} \frac{1}{2} & \frac{\sqrt{3}}{2} \\ \frac{\sqrt{3}}{2} & -\frac{1}{2} \end{pmatrix}$$

$$A(c) = \begin{pmatrix} \frac{1}{2} & -\frac{\sqrt{3}}{2} \\ -\frac{\sqrt{3}}{2} & -\frac{1}{2} \end{pmatrix}, \quad A(e) = \begin{pmatrix} 1 & 0 \\ 0 & 1 \end{pmatrix}$$

如果选 $V = R^3$，取笛卡儿坐标系原点在正三角形 $\triangle ABC$ 的重心，x 轴平行于 BC，如图 2.1.2 所示。同理可求 D_3 的三维表示。

以下求函数空间上的表示。以 $SO(2)$ 群 (即二维空间转动群 $\{R_z(\varphi)\}$，如图 2.1.3 所示) 为例，可以求出群操作对函数基矢的一般作用形式：

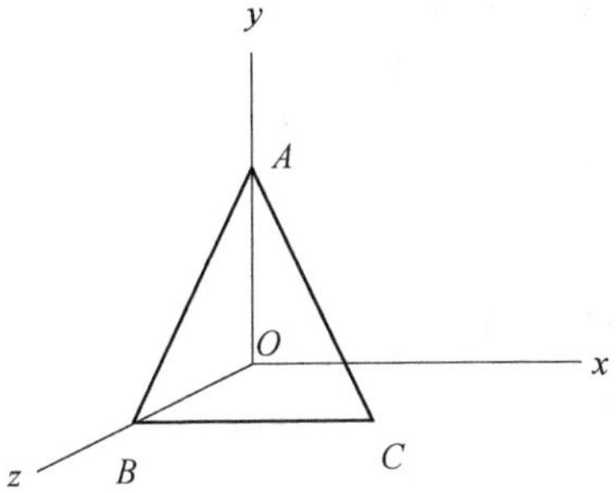

图 2.1.2

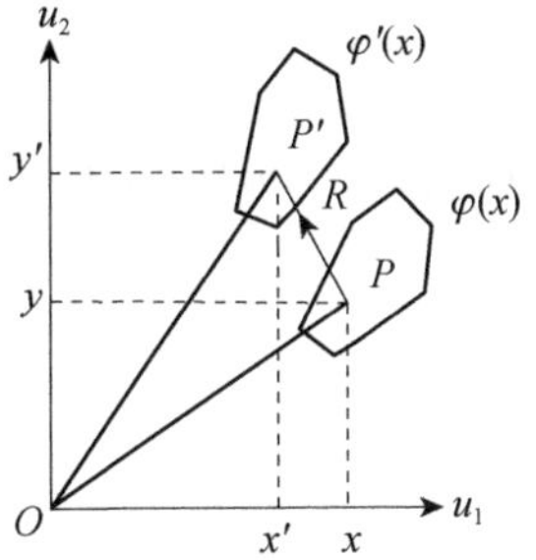

图 2.1.3

$$\because \varphi'(x) = R_z(\varphi)\varphi(x)$$

$$\varphi'(x_0') = \varphi(x_0)$$

$$\therefore x_0 = R_z^{-1}x_0'$$

$$\therefore R_z\varphi(x) = \varphi'(x) = \varphi\left(R_z^{-1}x\right) \tag{2.19}$$

如果选 x, y, z 的二次齐次函数 $\phi_1 = x^2$，$\phi_2 = y^2$，$\phi_3 = z^2$，$\phi_4 = xy$，$\phi_5 = yz$，$\phi_6 = xz$ 作为空间的基矢，则可以求出 D_3 群的 6 维表示。这里

$$\phi_i' = \sum_{j=1}^{6} A(g_\alpha)_{ji}\phi_j(\boldsymbol{r}) = \phi_i(g_\alpha^{-1}\boldsymbol{r})$$

对 $a \in D_3$，$a^{-1} = a$ 有

$$a^{-1}\boldsymbol{r} = a^{-1}\begin{pmatrix} x \\ y \\ z \end{pmatrix} = \begin{pmatrix} -x \\ y \\ -z \end{pmatrix}$$

$$\therefore x' = -x, \quad y' = y, \quad z' = -z$$

$$\because A(a)_{11}\phi_1(\boldsymbol{r}) + A(a)_{21}\phi_2(\boldsymbol{r}) + A(a)_{31}\phi(\boldsymbol{r}) + A(a)_{41}\phi(\boldsymbol{r})$$

$$+ A(a)_{51}\phi(\boldsymbol{r}) + A(a)_{61}\phi(\boldsymbol{r}) = \phi_1(a^{-1}\boldsymbol{r}) = \phi_1'$$

$$\therefore A(a)_{11}x^2 + A(a)_{21}y^2 + A(a)_{31}z^2 + A(a)_{41}xy + A(a)_{51}yz$$

$$+ A(a)_{61}xz = (-x)^2 = (x')^2$$

$$\therefore A(a)_{11} = 1, \quad A(a)_{21} = A(a)_{31} = A(a)_{41} = A(a)_{51} = A(a)_{61} = 0$$

同理可以求出其他矩阵元，因此

$$A(a) = \begin{pmatrix} 1 & 0 & 0 & 0 & 0 & 0 \\ 0 & 1 & 0 & 0 & 0 & 0 \\ 0 & 0 & 1 & 0 & 0 & 0 \\ 0 & 0 & 0 & -1 & 0 & 0 \\ 0 & 0 & 0 & 0 & -1 & 0 \\ 0 & 0 & 0 & 0 & 0 & 1 \end{pmatrix}$$

其他群元，例如 d 的表示矩阵 $A(d)$ 可以如下求解：

$$\because d^{-1} = f$$

$$\therefore d^{-1}\boldsymbol{r} = f\boldsymbol{r} = \begin{pmatrix} \cos\dfrac{4\pi}{3} & -\sin\dfrac{4\pi}{3} & 0 \\ \sin\dfrac{4\pi}{3} & \cos\dfrac{4\pi}{3} & 0 \\ 0 & 0 & 1 \end{pmatrix}\begin{pmatrix} x \\ y \\ z \end{pmatrix} = \begin{pmatrix} x' \\ y' \\ z' \end{pmatrix} = \boldsymbol{r}'$$

$$\therefore x' = -\frac{1}{2}x + \frac{\sqrt{3}}{2}y,\quad y' = -\frac{\sqrt{3}}{2}x - \frac{1}{2}y,\quad z' = z$$

$$\therefore\quad A(d)_{11}x^2 + A(d)_{21}y^2 + A(d)_{31}z^2 + A(d)_{41}xy + A(d)_{51}yz + A(d)_{61}xz$$

$$= \left(-\frac{1}{2}x + \frac{\sqrt{3}}{2}y\right)^2 = (x')^2$$

$$\therefore A(d)_{11} = \frac{1}{4},\quad A(d)_{21} = \frac{3}{4},\quad A(d)_{41} = -\frac{\sqrt{3}}{2}$$

同理可以求出其他矩阵元。所以

$$A(d) = \begin{pmatrix} \frac{1}{4} & \frac{3}{4} & 0 & \frac{\sqrt{3}}{4} & 0 & 0 \\ \frac{3}{4} & \frac{1}{4} & 0 & -\frac{\sqrt{3}}{4} & 0 & 0 \\ 0 & 0 & 1 & 0 & 0 & 0 \\ -\frac{\sqrt{3}}{2} & \frac{\sqrt{3}}{2} & 0 & -\frac{1}{2} & 0 & 0 \\ 0 & 0 & 0 & 0 & -\frac{1}{2} & \frac{\sqrt{3}}{2} \\ 0 & 0 & 0 & 0 & -\frac{\sqrt{3}}{2} & -\frac{1}{2} \end{pmatrix}$$

其他群元的表示可以类似求出：

$$A(f) = \begin{pmatrix} \frac{1}{4} & \frac{3}{4} & 0 & -\frac{\sqrt{3}}{4} & 0 & 0 \\ \frac{3}{4} & \frac{1}{4} & 0 & \frac{\sqrt{3}}{4} & 0 & 0 \\ 0 & 0 & 1 & 0 & 0 & 0 \\ \frac{\sqrt{3}}{2} & -\frac{\sqrt{3}}{2} & 0 & -\frac{1}{2} & 0 & 0 \\ 0 & 0 & 0 & 0 & -\frac{1}{2} & -\frac{\sqrt{3}}{2} \\ 0 & 0 & 0 & 0 & \frac{\sqrt{3}}{2} & -\frac{1}{2} \end{pmatrix}$$

$$A(b)=\begin{pmatrix} \frac{1}{4} & \frac{3}{4} & 0 & \frac{\sqrt{3}}{4} & 0 & 0 \\ \frac{3}{4} & \frac{1}{4} & 0 & -\frac{\sqrt{3}}{4} & 0 & 0 \\ 0 & 0 & 1 & 0 & 0 & 0 \\ \frac{\sqrt{3}}{2} & -\frac{\sqrt{3}}{2} & 0 & \frac{1}{2} & 0 & 0 \\ 0 & 0 & 0 & 0 & \frac{1}{2} & -\frac{\sqrt{3}}{2} \\ 0 & 0 & 0 & 0 & -\frac{\sqrt{3}}{2} & -\frac{1}{2} \end{pmatrix}$$

$$A(c)=\begin{pmatrix} \frac{1}{4} & \frac{3}{4} & 0 & -\frac{\sqrt{3}}{4} & 0 & 0 \\ \frac{3}{4} & \frac{1}{4} & 0 & \frac{\sqrt{3}}{4} & 0 & 0 \\ 0 & 0 & 1 & 0 & 0 & 0 \\ -\frac{\sqrt{3}}{2} & \frac{\sqrt{3}}{2} & 0 & \frac{1}{2} & 0 & 0 \\ 0 & 0 & 0 & 0 & \frac{1}{2} & \frac{\sqrt{3}}{2} \\ 0 & 0 & 0 & 0 & \frac{\sqrt{3}}{2} & -\frac{1}{2} \end{pmatrix}$$

由于量子力学中的态矢量建立在表象空间上，因此，我们也可以在表象空间上处理表示。(2.18) 可以取代为

$$A(g_\alpha g_\beta)=\eta(g_\alpha,\ g_\beta)A(g_\alpha)A(g_\beta) \tag{2.20}$$

其中 $|\eta(g_\alpha,\ g_\beta)|=1$。相因子 $\eta(g_\alpha,\ g_\beta)$ 形成所谓的因子系统。注意，$A(g_\alpha^{-1})=\eta^*(g_\alpha,g_\alpha^{-1})[A(g_\alpha)]^{-1}$。满足 (2.20) 的表示被称为投影表示，而满足 (2.18) 的表示被称为矢量表示。

需要说明的是，群理论和量子力学中讨论的表示是一致的。不同之处在于，量子力学中的表示空间总是物理空间，而群理论中的表示空间是任何线性矢量空间。另外，量子力学中讨论的算子对应可观测量，因此总是自伴算子，而群理论中的算子可以是非自伴算子。

2.2　等价表示和不可约表示以及幺正（酉）表示

2.2.1　等价表示

设 $G=\{g_a\}$ 在空间 V 上的表示为 $A=\{A(g_\alpha)\},\forall g_\alpha\in G$，存在唯一非奇异线性变换 $A(g_\alpha)$ 与之对应。在给定的一组基 $(e_1,e_2,\cdots,e_n)$ 下，$A(g_\alpha)$ 就是与 g_a 对应的非奇异矩阵。设 X 是 V 上的非奇异矩阵，即 $\det X\neq 0$，则相似矩阵集合 $\{XA(g_\alpha)X^{-1}\}$ 也给出 G 的一个表示。

因为每个元素 g_a，唯一对应矩阵 $XA(g_\alpha)X^{-1}$，而且 $XA(g_\alpha)X^{-1}$ 非奇异且保持 G 的乘法不变，即

$$XA(g_\alpha g_\beta)X^{-1}=\left(XA(g_\alpha)X^{-1}\right)\left(XA(g_\beta)X^{-1}\right)$$

则表示 $\{XA(g_\alpha)X^{-1}\}$ 被称为 $\{A(g_\alpha)\}$ 的等价表示。

由定义可以明显看出，两个等价表示的维数一定相同，但维数相同的表示不一定等价。另外，同一个表示空间 V 的不同基矢下同一个线性变换对应的表示是等价表示。还有，对维数相同的不同表示空间 V 和 V'，V 的基矢为 $[B]$，V' 的基矢为 $[B']$，若 $[B]=P[B']$（$[B]$ 与 $[B']$ 由线性变换 P 相联系），则由 V 和 V' 给出的表示也是等价的（对同一线性变换而言）。因此，寻找一个群的全部表示时，只须考虑那些互不等价的表示。

2.2.2　可约表示

设 W,W' 是 V 的子空间，$\forall x\in V,\exists y\in W,z\in W',x$ 唯一表示为 $x=y+z$ 或者 $V=W+W'$，$W\cap W'=\{\varnothing\}$，则称 V 是线性空间 W 和 W' 的直和，记为 $V=W\oplus W'$。

设 V 是群 G 的表示空间，且 $V=W\oplus W'$，W 和 W' 都是 G 的不变子空间，即 $\forall y\in W,z\in W',V$ 上表示 A 有 $A(g_\alpha)y\in W,A(g_\alpha)z\in W'$，则称表示 A 为完全可约表示。

对完全可约表示，总可以选一组基 $(e_1,e_2,\cdots,e_m,e_{m+1},\cdots,e_n)$，使得 $(e_1,e_2,\cdots,e_m)$ 和 $(e_{m+1},\cdots,e_n)$ 是 W 和 W' 的基，即 $y=\begin{pmatrix}Y\\0\end{pmatrix}$，$z=\begin{pmatrix}0\\Z\end{pmatrix}$，表示矩阵 $A(g_\alpha)$ 具有下列形式：

$$A(g_\alpha)=\begin{pmatrix} C(g_\alpha) & 0 \\ 0 & B(g_\beta) \end{pmatrix}=C(g_\alpha)\oplus B(g_\beta)$$

即 $A(g_\alpha)$ 是矩阵 $C(g_\alpha),B(g_\alpha)$ 的直和。

设 A 是群 G 在表示空间 V 上的一个表示，如果存在非空真子完备集 W，且保持 G 的乘法不变，则称 A 为可约表示，即 $\exists W$，$A(g_\alpha)y\in W$，即 $A(g_\alpha)$ 不把 W 中的向量变到 W 以外。

对可约表示，总可以在 V 中选一组基 $(e_1,e_2,\cdots,e_m,e_{m+1},\cdots,e_n)$，其中 $(e_1,e_2,\cdots,e_m)$ 是 W 的基，$\forall g_\alpha\in G$，$A(g_\alpha)=\begin{pmatrix} C_\alpha & N_\alpha \\ 0 & B_\alpha \end{pmatrix}$，$W$ 中向量具有形式 $y=\begin{pmatrix} Y \\ 0 \end{pmatrix}$，即 $A(g_\alpha)$ 不会把 W 中向量变到 W 以外。

2.2.3　不可约表示

设 V 是群 G 的表示 A 的表示空间，如果不存在 G 不变的真子空间，则 A 是 G 的不可约表示或既约表示。

可约表示可写为不可约表示的直和：

$$A(g_\alpha)=\sum_p\oplus\, m_p A^p(g_\alpha) \tag{2.21}$$

其中 m_p 是正整数，是 $A^p(g_\alpha)$ 在 $A(g_\alpha)$ 中出现的次数。$A^p(g_\alpha)$ 是第 p 个不可约表示。

因此，求群的全部表示就是要求出它的所有不等价不可约表示，这也是群表示论的重要内容。

2.2.4　幺正（酉）表示

设 V 是数域 K 上的线性空间，$\forall x,y\in V,(x|y)\in K$，且 $\forall x,y,z\in V,a\in K$，满足

(1) $(x+y|z)=(x|z)+(y|z)$；

(2) $(x|ay)=a(x|y)$；

(3) $(x|y)=(y|x)^*$；

(4) 当 $x\neq 0$，$(x|x)>0$，

则称 $(x|y)$ 为 x 和 y 的内积。

定义有内积的线性空间，被称为内积空间。内积空间满足

(1) $\forall x, y \in V$, 若 $\langle x|y\rangle = 0 \Leftrightarrow x \perp y$；

(2) $|x| = \langle x|x\rangle^{\frac{1}{2}} = \sum_i (x_i^* x_i)^{\frac{1}{2}}$。

设 U 是内积空间 V 上的线性变换，$\forall x, y \in V$，U 保持 x, y 的内积不变，即 $(Ux\,|\,Uy) = (x\,|\,y)$，则称 U 为 V 上的幺正变换。幺正变换满足

$$U^{\dagger} = U^{-1} \tag{2.22}$$

幺正变换将正交归一基变为正交归一基，即 $(Ue_i\,|\,Ue_j) = (e_i\,|\,e_j) = \delta_{ij}$，这里 $(e_1, e_2, \cdots, e_n)$ 为正交归一基。取表象后，U 变换的表示为幺正矩阵。

设 A 是群 G 在内积空间 V 上的表示，如果 A 是幺正变换，则称 A 为 G 的幺正（酉）表示，即 A 是 G 到 V 上幺正变换的同态映射，即 $\forall g_\alpha, g_\beta \in G$，$\exists A(g_\alpha), A(g_\beta)$ 与之对应，且保持群 G 的乘法不变，

$$A(g_\alpha g_\beta) = A(g_\alpha)A(g_\beta)$$

$$A^{\dagger}(g_\alpha) = A^{-1}(g_\alpha) = A(g_\alpha^{-1})$$

在取一组正交归一基下，$A(g_\alpha)$ 为幺正矩阵，即

$$A(g_\alpha)^*_{ji} = (A^{-1}(g_\alpha)_{ij} = A(g_\alpha^{-1})_{ij}$$

注意，幺正表示 $\{A(g_\alpha)\}$ 全为幺正矩阵，另外，幺正表示可约则完全可约，有限维幺正表示可以分解为不可约幺正表示的直和。在量子力学中，对称群的表示是幺正表示。如果能找到一个群的全部不等价不可约表示，就可以由其直和得到全部幺正表示，给求全部幺正表示带来了方便。

2.3　群代数和正则表示

2.3.1　群代数

设 R 是数域 K 上的线性空间，定义 R 中的乘法：$\forall x, y, z \in R, a \in K$，满足

(1) $xy \in R$；

(2) $x(y+z) = xy + xz$，$(x+y)z = xz + yz$；

(3) $a(xy) = (ax)y = x(ay)$，

则称 R 为线性代数或代数。

设复数域 C 和群 $G = \{g_1, g_2, \cdots, g_\alpha, \cdots\}$，除了定义群乘外，进一步定义加法和数乘，即 $\forall x = \sum_\alpha x_\alpha g_\alpha$，$y = \sum_\alpha y_\alpha g_\alpha$，$x_\alpha$，$y_\alpha \in C$，满足

$$x+y=\sum_{\alpha}(x_{\alpha}+y_{\alpha})g_{\alpha}, \quad ax=\sum_{\alpha}(ax_{\alpha})g_{\alpha}$$

则

$$x=\sum_{\alpha}x_{\alpha}g_{\alpha} \tag{2.23}$$

的全体构成一个线性空间V_G，称为群空间。群元$g_1, g_2, \cdots, g_{\alpha}, \cdots$称为$V_G$的自然基。如果$G$是$n$阶群，则$V_G$是一个$n$维复线性空间。线性空间$V_G$中，$\{g_{\alpha}\}$彼此线性无关，即$(g_i \mid g_j)=\delta_{ij}$。

设$g_{\alpha}, g_{\beta}, g_{\gamma}\in G, g_{\alpha}g_{\beta}=g_{\gamma}, x=\sum_{\beta}y_{\beta}g_{\beta}, x, y\in V_G$，定义$x, y$的乘积为

$$xy=\sum_{\alpha}x_{\alpha}g_{\alpha}\sum_{\beta}y_{\beta}g_{\beta}=\sum_{\alpha\beta}x_{\alpha}y_{\beta}(g_{\alpha}g_{\beta})=\sum_{\gamma}(xy)_{\gamma}g_{\gamma}$$

其中，$(xy)_{\gamma}=\sum_{\alpha}x_{\alpha}y_{\alpha^{-1}\gamma}, y_{\alpha^{-1}\gamma}$是向量$y$在$g_{\alpha}^{-1}g_{\gamma}$上的分量。该乘法规则满足

(1) $(ax+y)z=a(xz)+(yz), \forall a\in C$；

(2) $(xy)z=x(yz), \forall x, y, z\in V_G$。

按上述乘法，V_G构成一个结合代数，叫做G的群代数，记作R_G，R_G的维数就是群G的阶。

例如群$D_3=\{e, d, f, a, b, c\}$，如果选V_{D_3}的基矢为

$$e_1=e, \quad e_2=d, \quad e_3=f, \quad e_4=a, \quad e_5=b, \quad e_6=c$$

则$\forall x, y\in V_{D_3}$，

$$\begin{aligned}
x&=x_1e+x_2d+x_3f+x_4a+x_5b+x_6c\\
y&=y_1e+y_2d+y_3f+y_4a+y_5b+y_6c\\
x\cdot y&=(x_1y_1+x_2y_3+x_3y_2+x_4y_4+x_5y_5+x_6y_6)e\\
&\quad+(x_1y_2+x_2y_1+x_3y_3+x_4y_5+x_5y_6+x_6y_4)d\\
&\quad+(x_1y_3+x_2y_2+x_3y_1+x_4y_6+x_5y_4+x_6y_5)f\\
&\quad+(x_1y_4+x_2y_5+x_3y_6+x_4y_1+x_5y_3+x_6y_2)a\\
&\quad+(x_1y_5+x_2y_6+x_3y_4+x_4y_2+x_5y_1+x_6y_3)b\\
&\quad+(x_1y_6+x_2y_4+x_3y_5+x_4y_3+x_5y_2+x_6y_1)c
\end{aligned}$$

2.3.2 正则表示

在群代数中，定义一个线性变换L：$R_G\to R_G$，即

$$L(g_i)g_j=g_ig_j=g_k, \quad \forall g_i\in G \tag{2.24}$$

其中$g_j, g_k\in R_G$，则

$$L(g_i)L(g_j)g_k = L(g_i)g_jg_k = g_ig_jg_k = L(g_ig_j)g_k$$

即保持群乘不变。$L(g_i)$ 被称为群 G 的正则表示。当 G 是 n 阶有限群时，$L(g_i)$ 是 n 维表示。显然，正则表示是群 G 的忠实表示。按以上定义的 $L(g_i)$ 是从左面作用于群元，也被称为左正则表示。

例 2.3.1　求 D_3 群的左正则表示。表示的基为

$$e_1 = e = \begin{pmatrix}1\\0\\0\\0\\0\\0\end{pmatrix},\quad e_2 = d = \begin{pmatrix}0\\1\\0\\0\\0\\0\end{pmatrix},\quad e_3 = f = \begin{pmatrix}0\\0\\1\\0\\0\\0\end{pmatrix}$$

$$e_4 = a = \begin{pmatrix}0\\0\\0\\1\\0\\0\end{pmatrix},\quad e_5 = b = \begin{pmatrix}0\\0\\0\\0\\1\\0\end{pmatrix},\quad e_6 = c = \begin{pmatrix}0\\0\\0\\0\\0\\1\end{pmatrix}$$

由 $L(g_i)g_j = g_ig_j$，矩阵元

$$(L(g_i))_{kj} = \left\langle g_k \middle| L(g_i) \middle| g_j \right\rangle = \left\langle g_k \middle| g_ig_j \right\rangle = \begin{cases}1, & g_ig_j = g_k\\ 0, & g_ig_j \neq g_k\end{cases}$$

以下以群元 d 为例，求群元 d 的表示 $L(d)$。

$$(L(d))_{11} = \langle e|L(d)|e\rangle = \langle e|d\rangle = 0$$

$$(L(d))_{21} = \langle d|L(d)|e\rangle = \langle d|d\rangle = 1$$

$$(L(d))_{31} = \left\langle f \middle| L(d) \middle| e\right\rangle = 0$$

$$(L(d))_{41} = \langle a|d\rangle = (L(d))_{51} = (L(d))_{61} = 0$$

$$(L(d))_{12} = \langle e|L(d)|d\rangle = 0$$

$$(L(d))_{13} = \left\langle e \middle| L(d) \middle| f\right\rangle = \langle e|e\rangle = 1$$

$$\vdots$$

所以

$$L(d)=\begin{pmatrix}0&0&1&0&0&0\\1&0&0&0&0&0\\0&1&0&0&0&0\\0&0&0&0&1&0\\0&0&0&0&0&1\\0&0&0&1&0&0\end{pmatrix}$$

同理可以求出其他群元的左正则表示。

例 2.3.2 求二阶循环群 $Z_2=\{e,a\}$ 的左正则表示。取 R_{Z_2} 中的基为

$$e=\begin{pmatrix}1\\0\end{pmatrix},\quad a=\begin{pmatrix}0\\1\end{pmatrix}$$

则

$$(L(e))_{11}=\langle e|L(e)|e\rangle=1,\quad (L(e))_{12}=\langle e|L(e)|a\rangle=0=\langle a|L(e)|e\rangle=(L(e))_{21}$$

$$(L(a))_{11}=\langle e|L(a)|e\rangle=0,\quad (L(a))_{12}=\langle e|L(a)|a\rangle=1$$

$$\vdots$$

所以

$$L(e)=\begin{pmatrix}1&0\\0&1\end{pmatrix},\quad L(a)=\begin{pmatrix}0&1\\1&0\end{pmatrix}$$

取

$$X=\frac{1}{\sqrt{2}}\begin{pmatrix}1&1\\1&-1\end{pmatrix},\quad X^{-1}=\frac{1}{\sqrt{2}}\begin{pmatrix}1&1\\1&-1\end{pmatrix}=X$$

则

$$XeX^{-1}=\begin{pmatrix}1&0\\0&1\end{pmatrix},\quad XaX^{-1}=\begin{pmatrix}1&0\\0&-1\end{pmatrix}$$

可见，求出的正则表示是可约的。

定义线性变换 $R:R_G\to R_G$，其中

$$R(g_i)g_j=g_jg_i^{-1} \tag{2.25}$$

则 $R(g_i)$ 保持群乘不变，因为

$$R(g_i)R(g_j)g_k=R(g_i)g_kg_j^{-1}=g_kg_j^{-1}g_i^{-1}=g_k(g_ig_j)^{-1}=R(g_ig_j)g_k$$

所以 $R(g_i)$ 也是 G 的表示，表示空间也是 R_G，$R(g_i)$ 是从右边作用于群元的。R_G 被称为 G 的右正则表示。

2.4　有限群的表示理论

设σ是数域K上线性空间V的线性变换, W是V的子空间, 若$\forall\xi\in W$, 有$\sigma(\xi)\in W$, 则称W是σ的不变子空间。注意, V的平凡子空间 (V和零空间) 对于V的任一个变换σ而言, 都是σ子空间。

设σ是线性空间V的线性变换, W是V的一个σ不变子空间。把σ看作W上的一个线性变换, 称作σ是在不变子空间W上引起的线性变换, 或称作σ在不变子空间W上的限制, 记作$\sigma|_W$。这里注意, 当$\xi\in W$时, $\sigma|_W(\xi)=\sigma(\xi)$; 当$\xi\notin W$时, $\sigma|_W(\xi)$无意义。$\sigma|_W(W)\subseteq W$。任一线性变换σ在W的核 (即W的零空间) 上引起的线性变换是零变换, 即$\sigma|_W(0)=0$。

2.4.1　舒尔引理

引理 2.4.1　设群G在有限维向量空间V_A和V_B上有不可约表示A和B, 若对任意$g_\alpha\in G$, 有将V_A映入V_B的线性变换M满足$B(g_\alpha)M=MA(g_\alpha)$, 则有

(1) 当表示A和B不等价时, 必有$M\equiv 0$;

(2) 当M不等于 0 时, 表示A和B必等价。

证明　作V_A的子空间$N=\{x\in V_A\mid Mx=0\}$。$\forall x\in N$,

$$\because MA(g_\alpha)x=B(g_\alpha)Mx=0$$

$$\therefore A(g_\alpha)x\in N$$

又因为A是G的不可约表示, 所以N只能是$N=\{\mathbf{0}\}$或$N=V_A$。当$N=V_A$时, $M\equiv 0$; 当$M\not\equiv 0$时, $N=\{\mathbf{0}\}$, 即不变子空间N只有零向量。设$R=\{y\in V_B\mid y=Mx,x\in V_A\}$, 即$R$是$M$作用于$A$得到的空间。

$$\because \forall y\in R,\ \exists B(g_\alpha)y=B(g_\alpha)Mx=MA(g_\alpha)x=Mx',x\in V_A$$

$$\therefore B(g_\alpha)y\in R$$

又因为B是不可约表示, 所以R只能是零向量空间或V_B本身, 即$R=\{\mathbf{0}\}$或$R=V_B$。但是$M\not\equiv 0$, 所以$R=V_B$, 即M是从V_A到V_B的满射。假设$Mx_1=y$, $Mx_2=y$, 则$M(x_1-x_2)=0$。所以$x_1-x_2=0$, 即$x_1=x_2$, 但这与$x_1\neq x_2$相矛盾。因此, M是从V_A到V_B的一一映射。那么存在M^{-1}, 且$B(g_\alpha)=MA(g_\alpha)M^{-1}$, 即$A$与$B$等价, 则 (2) 得证。若$A$与$B$不等价时, 必然有$M\equiv 0$, 故 (1) 得证。此时, V_A和V_B的维数s_A和s_B不一定相同, M是$s_A\times s_B$的零矩阵。

引理 2.4.2 设 A 是群 G 在有限维复表示空间 V 上的不可约表示，对任意 $g_\alpha \in G$，若 V 上线性变换 M 满足 $A(g_\alpha)M = MA(g_\alpha)$，则 $M=\lambda E$，即 M 是 V 上恒等变换 E 乘上常数 λ，$\lambda \in C$。

证明 作 V 的子空间 $V_\lambda = \{y \in V \mid My = \lambda y\}$，

$$\because \forall y \in V_\lambda,\ \exists M(A(g_\alpha)y) = \lambda A((g_\alpha)y)$$

$$\therefore A(g_\alpha)y \in V_\lambda$$

即 V_λ 是 G 在 V 上的不变子空间。又因为 $A(g_\alpha)$ 是不可约的，所以 $V_\lambda = V$。所以 $\forall x \in V$，存在 $Mx = \lambda x$，因此 $M=\lambda E$，得证。

舒尔引理对讨论有限群表示的性质，尤其对证明有限群表示的正交性，非常重要。

定理 2.4.1 有限群在内积空间上的每一个表示都有等价的酉表示。

证明 设 A 是有限群 G 在内积空间 V 上的一个表示，即 $\forall g_i, g_j \in G$，有 $A(g_i), A(g_j)$ 与之对应，且保持 G 的乘法不变：

$$A(g_i g_j) = A(g_i)A(g_j)$$

设 $x, y \in V$，当 A 不是酉表示时，$(A(g_i)x \mid A(g_i)y) \neq (x \mid y)$。定义一个新内积

$$\langle x | y \rangle = \frac{1}{n}\sum_{j=1}^{n}(A(g_j)x \mid A(g_j)y),\quad \text{其中 } n \text{ 是群的阶}$$

$$\langle A(g_i)x | A(g_i)y \rangle = \frac{1}{n}\sum_{j=1}^{n}\big(A(g_j)A(g_i)x \mid A(g_j)A(g_i)y\big)$$

$$= \frac{1}{n}\sum_{k=1}^{n}(A(g_k)x \mid A(g_k)y) = \langle x | y \rangle$$

所以，$A(g_i)$ 在新定义的内积下是酉变换。设 $(e_1, e_2, \cdots, e_n)$ 和 $(f_1, f_2, \cdots, f_n)$ 是 V 的两组基，其分别对应于正交归一的旧内积 $(\cdot|\cdot)$ 和新内积 $\langle\cdot|\cdot\rangle$，即

$$(e_i | e_j) = \delta_{ij} = \langle f_i | f_j \rangle,\quad i, j = 1, 2, \cdots, n,\quad f_i = Xe_i$$

其中 X 为非奇异变换矩阵。$\forall x \in V, x = x_i e_i = x_i' f_i$，所以

$$x_i' = X^{-1} x_i$$

$$Xx = Xx_i' f_i = XX^{-1} x_i f_i = x_i f_i$$

因而

$$\langle Xx | Xy \rangle = \langle x_i f_i | y_j f_j \rangle$$

$$= \sum_{i,j} x_i^* y_j \langle f_i | f_j \rangle = \sum_i x_i^* y_i$$

$$= (x \mid y) = (X^{-1}Xx \mid X^{-1}Xy)$$

因此，

$$(X^{-1}A(g_i)Xx \mid X^{-1}A(g_i)Xy) = \langle A(g_i)Xx \mid A(g_i)Xy \rangle = \langle Xx \mid Xy \rangle \geqslant (x \mid y)$$

即$\{A(g_i)\}$的等价表示$\{X^{-1}A(g_i)X\}$在原内积上是幺正的。

推论 2.4.1　有限群在内积空间上的表示可约则完全可约，因为酉表示可约则完全可约。

推论 2.4.2　有限群在内积空间上的表示，或是不可约的，或等价于几个不可约表示的直和。

因此，只要求出有限群的全部不等价不可约酉表示，就可求出有限群的全部表示。

2.4.2　有限群表示的正交性和完备性

设 R_G 是群 $G=\{g_i, i=1,2,\cdots,n\}$ 的代数，则

$$\forall x \in R_G,\quad x=\sum_{i=1}^{n} x_i g_i = \sum_i x(g_i) g_i$$

向量 x 和复函数 $x(g_i)$ 间一一对应。复函数 $x(g_i)$ 全体构成一个与 R_G 同构的代数。

群函数操作 $x(g_i)$，$y(g_i)$，$a\in C$ 满足

(1) $(x+y)(g_i)=x(g_i)+y(g_i)$；

(2) $(ax)(g_i)=ax(g_i)$；

(3) $(xy)(g_i)=\sum_j x(g_j)y(g_j^{-1}g_i)$；

(4) $(x \mid y)=\frac{1}{n}\sum_{i=1}^{n} x^*(g_i)y(g_i)$。

群代数基矢满足正交性，即$(g_i \mid g_j)=\frac{1}{n}\delta_{ij}$。$R_G$ 中共有 n 个独立的群函数。若 A 是群 G 的一个 s 维表示，基表示矩阵元 $A_{uv}(g_i)$ 是 G 的一个复函数，则 A 共可产生 s^2 个群函数。

定理 2.4.2 (正交性定理)　设有限群 $G=\{g_i, i=1,2,\cdots,n\}$ 有不等价不可约酉表示 $A^1(g_i), A^2(g_i), \cdots, A^p(g_i), \cdots, A^r(g_i), \cdots$，其维数分别为 $s_1, s_2, \cdots, s_p, \cdots, s_r, \cdots$，则

$$\sum_i A^p_{\mu\nu}(g_i)^* A^r_{\mu'\nu'}(g_i) = \frac{n}{s_p}\delta_{pr}\delta_{\mu\mu'}\delta_{\nu\nu'} \tag{2.26}$$

或用 R_G 中内积表示成

$$(A_{\mu\nu}^{p} \mid A_{\mu'\nu'}^{r}) = \frac{1}{s_p}\delta_{pr}\delta_{\mu\mu'}\delta_{\nu\nu'} = \frac{1}{n}\sum_{i=1}^{n} A_{\mu\nu}^{p}(g_i)^* A_{\nu\nu'}^{r}(g_i) \tag{2.27}$$

证明 先讨论 $p=r$ 的情况。设由 $A^p(g_i)$ 生成 $s_p \times s_p$ 个群函数 $A_{\mu\nu}^{p}(g_i)$ $(\mu,\nu=1,2,\cdots,s_p)$，作 s_p 维矩阵

$$C = \frac{1}{n}\sum_i A^p(g_i) D A^p(g_i^{-1})$$

这里 D 为任意 $s_p \times s_p$ 矩阵。$\forall g_i \in G$, 有

$$\begin{aligned}A^p(g_j)C &= \frac{1}{n}\sum_i A^p(g_j)A^p(g_i)DA^p(g_i^{-1})A^p(g_j^{-1})A^p(g_j)\\ &= \frac{1}{n}\sum_k A^p\left(g_k\right)DA^p(g_k^{-1})A^p(g_j)\\ &= CA^p(g_j)\end{aligned}$$

由引理 2.4.2 知，$C=\lambda(D)E_{s_p\times s_p}$。取 $D_{\nu'\nu}=1$，其余矩阵元取零, 可得

$$\begin{aligned}C_{\mu'\mu} &= \frac{1}{n}\sum_i A_{\mu'\nu'}^{p}(g_i)D_{\nu'\nu}A_{\nu\mu}^{p}(g_i^{-1})\\ &= \frac{1}{n}\sum_i A_{\mu'\nu'}^{p}\left(g_i\right)A_{\nu\mu}^{p}(g_i^{-1})\\ &= \lambda\delta_{\mu'\mu}\end{aligned}$$

取 $\mu'=\mu$ 并对 μ 求和, 得

$$\frac{1}{n}\sum_{\mu}\sum_i A_{\mu\nu'}^{p}(g_i)A_{\nu\mu}^{p}(g_i^{-1}) = \frac{1}{n}\sum_i A_{\nu\nu'}^{p}(g_i^{-1}g_i) = \frac{1}{n}\sum_i \delta_{\nu\nu'} = \lambda s_p$$

所以

$$\lambda s_p = \delta_{\nu\nu'},\quad \lambda = \frac{\delta_{\nu\nu'}}{s_p}$$

因此,

$$\frac{1}{n}\sum_i A_{\mu'\nu'}^{p}(g_i)A_{\nu\mu}^{p}(g_i^{-1}) = \frac{1}{s_p}\delta_{\mu\mu'}\delta_{\nu\nu'}$$

又因为 A^p 是酉表示, 所以

$$A_{\nu\mu}^{p}(g_i^{-1}) = A_{\nu\mu}^{p}(g_i)^{-1} = A_{\nu\mu}^{p}(g_i)^{\dagger} = A_{\mu\nu}^{p}(g_i)^*$$

因此

$$\sum_i A_{\mu\nu}^{p}(g_i)^* A_{\mu'\nu'}^{p}(g_i) = \frac{n}{s_p}\delta_{\mu\mu'}\delta_{\nu\nu'}$$

再讨论 $p \neq r$ 的情况。取 s_p 行 s_p 列矩阵 D'，作矩阵

$$C' = \frac{1}{n}\sum_i A^r(g_i)D'A^p(g_i^{-1})$$

则

$$\begin{aligned}C'A^p(g_j) &= \frac{1}{n}\sum_i A^r(g_j^{-1})A^r(g_i)D'A^p(g_i^{-1})A^p(g_j) \\ &= A^r(g_j)\frac{1}{n}\sum_i A^r(g_i^{-1}g_i)D'A^p(g_i^{-1}g_j) \\ &= A^r(g_j)\frac{1}{n}\sum_k A^r(g_k)D'A^p(g_k^{-1}) \\ &= A^r(g_j)C'\end{aligned}$$

因为 A^p 和 A^r 是群 G 的不等价不可约表示，由引理 2.4.1 知，$C' \equiv 0$ 。取 D' 除 $D_{v'v} = 1$ 外，其余矩阵元全为零，则

$$\begin{aligned}C'_{\mu'\mu} &= \frac{1}{n}\sum_i A^r_{\mu'v'}(g_i)A^p_{v\mu}(g_i^{-1}) \\ &= \frac{1}{n}\sum_i A^p_{\mu v}(g_i)^* A^r_{\mu'v'}(g_i) = 0\end{aligned}$$

得证。

正交性定理的物理意义：不可约表示 A^p 和 A^r 若不等价，则它们生成的群函数 $A^p_{\mu v}$，$A^r_{\mu'v'}$ 是正交的，而 $A^p_{\mu v}$ 与自身的内积等于 $\dfrac{1}{s_p}$ 。这里需要注意，不等价不可约矩阵元 (群函数) 是相互正交的，同一表示中不同矩阵元是相互正交的。每一表示所有元素的内积等于 $\dfrac{1}{s_p}$，即

$$(A^p_{\mu v}(g_i) \mid A^p_{\mu v}(g_i)) = \frac{1}{s_p}$$

设 $A^p\left(p = 1,2,\cdots,q\right)$ 是有限群 $G = \left\{g_i, i = 1,2,\cdots,n\right\}$ 的所有不等价不可约酉表示，则 A^r 生成的群函数 $A^p_{\mu v}$ 在群函数空间是完备的。因此，函数集 $\left\{A^p_{\mu v}\left(g_i\right)\right\}$ 是 R_G 的完备基，$\left\{\sqrt{\dfrac{1}{s_p}}A^p_{\mu v}\left(g_i\right)\right\}$ 是群函数空间的正交归一基。任一群函数 $\varphi\left(g_i\right)$ 可表为

$$\varphi(g_i) = \sum_{p,\mu,v} a^p_{\mu v}A^p_{\mu v}(g_i), \quad a^p_{\mu v} = s_p\left(A^p_{\mu v} \middle| \varphi\right)$$

推论 2.4.3 (勃恩赛德 (Burside) 定理)　有限群的所有不等价不可约酉表示

维数的平方和等于群的阶，即 $s_1^2+s_2^2+\cdots+s_q^2=n$ 。

例如，D_3 有 1 个一维恒等表示，1 个一维非恒等表示，1 个二维表示（不可约表示)。

推论 2.4.4 正则表示 $L(g_i)$ 按不等价不可约酉表示 $A^p(g_i)$ 可约化为

$$L(g_i)=\sum_{p=1}^{q}\oplus s_p A^p(g_i)$$

例如，D_3 群的不等价不可约表示为一维恒等表示、一维非恒等表示和二维表示。其他可约表示均可由上述不可约表示的直积构建。

2.5 群表示的特征标理论

群表示与表示空间基的选择有关。因此，特征标理论与表示空间基的选择有关，它是研究群表示的重要且有效工具。

2.5.1 特征标的概念

设 $A(g_i)$ 是群 $G=\{g_\alpha\}$ 的一个表示，群 G 表示 A 的特征标定义为 $\{\chi(g_\alpha)\}$，其中，$\chi(g_\alpha)=\mathrm{tr}A(g_\alpha)=\sum_\mu A_{\mu\mu}(g_\alpha)$，即表示矩阵 $A(g_\alpha)$ 对角线上元素的和 $\chi(g_\alpha)$ 为表示 A 的特征标。

由此可见，等价表示的特征标相同，反之亦然。同一表示中，共轭元素的特征标也相等。特征标是类的函数，同类元素都具有相同的特征标。单位元素的特征标等于表示的维数。恒等表示的特征标等于 1。

$$\chi^*(g)=\chi(g^{-1})$$

$$A(g_i)=\sum_p\oplus m_p A^P(q_i)\Rightarrow x^A(g_i)=\sum_p m_p x^p(g_i)$$

2.5.2 特征标理论

特征标的第一正交关系为

$$(x^p(g_i)|x^r(g_i))=\frac{1}{n}\sum_{i=1}^{n}\chi^p(g_i)^*\chi^r(g_i)$$
$$=\delta_{pr}$$
$$=\frac{1}{n}\sum_{i=1}^{q}n_i\chi^p(K_i)^*\chi^r(K_i) \tag{2.28}$$

其中 $\chi^p(g_i)$，$\chi^r(g_i)$ 是 g_i 的第 p 和第 r 个不可约表示，n 是群的阶数，q 是类的个数，n_i 是 K_i 类中群元的个数。

证明　因为

$$\frac{1}{n}\sum_i A^p_{\mu\nu}(g_i)^* A^r_{\mu'\nu'}(g_i)=\frac{1}{s_p}\delta_{pr}\delta_{\mu\mu'}\delta_{\nu\nu'}$$

令 $\mu=\nu,\mu'=\nu'$，然后再对 μ 和 μ' 求和，所以

$$\frac{1}{n}\sum_{\mu,\mu'}\sum_{i=1}^{n}A^p_{\mu\mu}(g_i)^* A^r_{\mu'\mu'}(g_i)=\frac{1}{n}\sum_{i=1}^{n}\chi^p(g_i)^*\chi^r(g_i)$$
$$=\frac{1}{s_p}\sum_{\mu,\mu'}\delta_{pr}\delta_{\mu\mu'}\delta_{\nu\nu'}$$
$$=\delta_{pr}$$

得证。

特征标的第二正交关系为

$$\sum_{p=1}^{q}\chi^p(K_i)^*\chi^p(K_j)=\frac{n}{n_i}\delta_{ij} \quad 或 \quad \frac{1}{n}\sum_{p=1}^{q}\chi^p(K_i)^*\chi^p(K_j)=\frac{1}{n_i}\delta_{ij} \tag{2.29}$$

证明　取

$$F^*_{pi}=\sqrt{\frac{n_i}{n}}\chi^p(K_i)^*=(F^\dagger)_{ip}, \quad F_{ri}=\sqrt{\frac{n_i}{n}}\chi^r(K_i)$$

因为

$$\frac{1}{n}\sum_{i=1}^{q'}n_i\chi^p(K_i)^*\chi^r(K_i)=\delta_{pr}$$

即

$$\sum_i F^*_{pi}F_{ri}=\sum_i F_{ri}F^\dagger_{ip}=\delta_{pr}$$

所以

$$FF^\dagger=E_{s_p\times s_p}, \quad \det(FF^\dagger)=1=|\det F|^2$$

故 F 有逆 F^{-1}，$F^\dagger F=E$。因此,

$$
\begin{aligned}
(F^{\dagger}F)_{ij} &= \sum_{p}(F^{\dagger})_{ip}F_{pj} = \sum_{p}F_{pi}^{*}F_{pj} \\
&= \sqrt{\frac{n_i}{n}}\sum_{p}\chi^{p}(K_i)^{*}\sqrt{\frac{n_j}{n}}\chi^{p}(K_j) \\
&= \frac{\sqrt{n_i n_j}}{n}\sum_{p}\chi^{p}(K_i)^{*}\chi^{p}(K_j) \\
&= \delta_{ij}
\end{aligned}
$$

得证。

有限群不可约表示的特征标内积等于 1，即 $(x^{p}(g_i)\,|\,x^{p}(g_i))=1$，可约表示 A 的特征标 x^{A} 的内积大于 1。据此判断一个表示是否可约相当有效。

满足 $f(K_i)=f(g_i)=f(g_j^{-1}g_i g_j)$ 的群函数，叫做类函数，这里 g_i 是群 G 的任意元素。类函数是群 G 的共轭类 K_i 的函数，类函数全体构成类函数空间，它是群函数空间 R_G 的一个子空间。有限群的所有不等价不可约表示的特征标，在类函数空间是完备的。因此，有限群的不等价不可约表示的个数，等于群的类的个数。由此可得 $s_1^2+s_2^2+\cdots+s_q^2=n$，其中 n 是群的阶，q 是群的共轭类的个数。利用该关系可以限制有限群不等价不可约表示的维数，在求有限群的表示时经常用。

把有限群 G 的所有不等价不可约表示的特征标，作为类函数给出一个表，称为 G 的特征标表。每一行是一个不可约表示 A^{p} 对应不同类 K_i 的特征标 $\chi^{p}(K_i)(i=1,2,\cdots,q)$，每一列是每一类元素 K_i 在不等价不可约表示 A^{p} 中的特征标 $\chi^{p}(K_i)(i=1,2,\cdots,q)$，如表 2.5.1 所示。

表 2.5.1　有限群的特征标表

	$n_1\{K_1\}$	$n_2\{K_2\}$	$\cdots$	$n_q\{K_q\}$
A^1	$\chi^1(K_1)$	$\chi^1(K_2)$	$\cdots$	$\chi^1(K_q)$
A^2	$\chi^2(K_1)$	$\chi^2(K_2)$	$\cdots$	$\chi^2(K_q)$
$\vdots$	$\vdots$	$\vdots$	$\vdots$	$\vdots$
A^q	$\chi^q(K_1)$	$\chi^q(K_2)$	$\cdots$	$\chi^q(K_q)$

特征标表的任何两行或两列均满足正交关系即为特征标的第一正交关系：$\sum_{i=1}^{q}n_i\chi^{p}(K_i)^{*}\chi^{r}(K_i)=n\delta_{pr}$ 或特征标的第二正交关系：$\sum_{r=1}^{q}n_i\chi^{r}(K_i)^{*}\chi^{r}(K_j)=n\delta_{ij}$。正交关系也可用来检验计算的特征标表是否正确。按惯例，第一行给出恒等表示

A^l 的特征标 $\chi^1(K_i)=1$，第一列给出群的单位元素 e 的特征标 $\chi^p(e)=s_p$，s_p 是表示 A^p 的维数。

例 2.5.1　可以利用特征标表的正交性求出 D_3 群的特征标，如表 2.5.2 所示。这里，群元 d 和 a 的特征标可以如下求解：

由 1, 2 列正交：$1\times1^*\times1+1\times1^*\times1+1\times2^*\times\chi^d(d)=0$，可以得出 $\chi^3(d)=-1$；由 1, 3 列正交：$1\times1^*\times1+1\times1^*\times(-1)+1\times2^*\times\chi^3(a)=0$，可以得出 $\chi^3(a)=0$。

表 2.5.2　D_3 群的特征标表

	$1\{e\}$	$2\{d\}$	$3\{a\}$
A^1	1	1	1
A^2	1	1	−1
A^3	2	$\chi^3(d)$	$\chi^3(a)$

例 2.5.2　$G=\{a,a^2,\cdots,a^n=e\}$，每个元素自成一类，共 n 个类，n 个不等价不可约表示。由 $s_1^2+s_2^2+\cdots+s_n^2=n$ 知，每个表示都是一维的。

$$\because A(e)=A(a^n)=(A(a))^n$$

$$\therefore A(a)=\exp\left(\frac{2\pi i}{n}l\right),\quad l=0,1,\cdots,n-1$$

$$A^p(a^m)=\exp\left((p-1)\frac{2\pi i}{n}m\right),\quad p=1,2,\cdots,n$$

Z_3 循环群的特征标表如表 2.5.3 所示。

表 2.5.3　Z_3 群的特征标表

	$\{e\}$	$\{a\}$	$\{a^2\}$
A^1	1	1	1
A^2	1	$e^{i2\pi/3}$	$e^{i4\pi/3}$
A^3	1	$e^{i4\pi/3}$	$e^{i2\pi/3}$

2.6　群表示的直积和直积群的表示

2.6.1　群表示的直积

给定两个矩阵 $A=(a_{ik})$，$B=(b_{jl})$，则两个矩阵的直积矩阵为

$$C(c_{ijkl})=A\otimes B=(a_{ikjl}),\quad i,k=1,2,\cdots,n,\quad j,l=1,2,\cdots,m \tag{2.30}$$

或

$$C = A \otimes B = \begin{pmatrix} a_{11}B & a_{12}B & \cdots & a_{1n}B \\ a_{21}B & a_{22}B & \cdots & a_{2n}B \\ \vdots & \vdots & \vdots & \vdots \\ a_{n1}B & a_{n2}B & \cdots & a_{nn}B \end{pmatrix}_{mn} \tag{2.31}$$

据此可知，两个单位矩阵的直积仍是单位矩阵，两个对角矩阵的直积仍是对角矩阵，两个酉矩阵的直积仍是酉矩阵。

设 $\Gamma^p(g_\alpha)$ 和 $\Gamma^q(g_\alpha)$ 分别是群 $G=\{g_\alpha\}$ 的 d_p 维和 d_q 维表示，则直积矩阵的集合 $\{\Gamma(g_\alpha)=\Gamma^p(g_\alpha)\otimes\Gamma^q(g_\alpha)\}$ 也构成 G 的一个表示 (保持 G 的乘法规律不变)，表示的维数为 $d_p d_q$。特征标为

$$\chi(g_\alpha) = \mathrm{tr}\Gamma^p(g_\alpha)\mathrm{tr}\Gamma^q(g_\alpha) = \chi^p(g_\alpha)\chi^q(g_\alpha)$$

一般情况下，即便 $\Gamma^p(g_\alpha)$ 和 $\Gamma^q(g_\alpha)$ 是不可约表示，$\Gamma(g_\alpha)$ 也是 G 的可约表示，因为

$$\chi = \frac{1}{n}\sum_{\alpha=1}^{n}\chi^{p*}(g_\alpha)\chi^p(g_\alpha)x^{q*}(g_\alpha)x^q(g_\alpha) > 1$$

假设 $G=\{g_\alpha\}$ 是有限群，则其所有不可约表示均是幺正的，其直积表示要么是不可约表示，要么是完全可约表示。假定直积表示 $\Gamma^p(g_\alpha)\otimes\Gamma^q(g_\alpha)$ 与其等价表示 $M^{-1}\Gamma^p(g_\alpha)\otimes\Gamma^q(g_\alpha)M$ 由 $d_p d_q \times d_p d_q$ 维非奇异矩阵 M 相联系，则

$$\Gamma^p(g_\alpha)\otimes\Gamma^q(g_\alpha) \approx \sum_r \oplus n_{pq}^r \Gamma^r \tag{2.32}$$

或者

$$M^{-1}\Gamma^p(g_\alpha)\otimes\Gamma^q(g_\alpha)M \approx \sum_r \oplus n_{pq}^r \Gamma^r \tag{2.33}$$

这里，n_{pq}^r 是第 r 个幺正不可约表示 Γ^r 出现的次数。以上两式右边称为克莱布许−高登 (Clebsch-Gordan) 级数。对于阶数是 g 的有限群，有

$$n_{pq}^r = \frac{1}{g}\sum_{g_\alpha\in G}\chi^p(g_\alpha)\chi^q(g_\alpha)\chi^{r*}(g_\alpha) \tag{2.34}$$

显然，$\Gamma^p(g_\alpha)\otimes\Gamma^q(g_\alpha)$ 的维数 $d_p d_q$ 为

$$d_p d_q = \sum_r n_{pq}^r d_r \tag{2.35}$$

其中 d_r 是幺正不可约表示 Γ^r 的维数。

由 (2.34) 知

$$n_{pq}^r = n_{qp}^r \tag{2.36}$$

以及

$$n^{q}_{p^* r}=n^{r}_{pq} \tag{2.37}$$

假设群 G 是三维时空间 R^3 上的坐标变换群，Γ^p 和 Γ^q 分别是 G 的 d_p 和 d_q 维不可约表示，$\phi^p_j(r)$ ($j=1,2,\cdots,d_p$) 和 $\varphi^q_s(r)$ ($s=1,2,\cdots,d_q$) 分别是 Γ^p 和 Γ^q 的基函数。则 d_pd_q 个函数 $\phi^p_j(r)\,\varphi^q_s(r)$ 集合就形成了直积表示 $\Gamma^p(g_\alpha)\otimes\Gamma^q(g_\alpha)$ 的基。如果 $n^r_{pq}\neq 0$，一定存在 n^r_{pq} 个由乘积 $\phi^p_j(r)\varphi^q_s(r)$ 的线性组合形成的线性独立的函数集作为幺正不可约表示 Γ^r 的基矢。记这些基矢函数为 $\theta^{r,\alpha}_l(r)$，其中 $\alpha=1,2,\cdots,n^r_{pq}$，$l=1,2,\cdots,d_r$，$d_r$ 是 Γ^r 的维数。则对所有 $T\in G$ 的表示 $P(T)$，有

$$P(T)\theta^{r,\alpha}_l(r)=\sum_{u=1}^{d_r}\Gamma(T)_{ul}\,\theta^{r,\alpha}_u(r) \tag{2.38}$$

$\theta^{r,\alpha}_l(r)$ 可以表述为

$$\theta^{r,\alpha}_l(r)=\sum_{j=1}^{d_p}\sum_{k=1}^{d_q}\begin{pmatrix} p & q & r & \alpha \\ j & k & l & \end{pmatrix}\phi^p_j(r)\varphi^q_s(r) \tag{2.39}$$

$\left(\begin{matrix} p & q \\ j & k \end{matrix}\middle\|\begin{matrix} r & \alpha \\ l & \end{matrix}\right)$ 称为 C-G 系数。这些系数可以形成 $d_pd_q\times d_pd_q$ 维的非奇异矩阵，矩阵的行标记为 (j,k) 对，其中 $j=1,2,\cdots,d_p$，$k=1,2,\cdots,d_q$ 。矩阵的列标记为三倍数 (r,α,l)，其中 r 仅仅当 $n^r_{pq}\neq 0$ 时才会出现。事实上，该非奇异矩阵就是 (2.32) 中的矩阵 M 。

对所有 $j=1,2,\cdots,d_p$ 和 $k=1,2,\cdots,d_q$， (2.38) 可以得到

$$\phi^p_j(r)\varphi^q_s(r)=\sum_{r}\sum_{\alpha=1}^{n^r_{pq}}\sum_{l=1}^{d_r}\left(\begin{matrix} r & \alpha \\ l & \end{matrix}\middle|\begin{matrix} p & q \\ j & k \end{matrix}\right)\theta^{r,\alpha}_l(r) \tag{2.40}$$

其中对 r 求和遍及所有 $n^r_{pq}\neq 0$ 的不可约表示 Γ^r 。系数 $\left(\begin{matrix} r & \alpha \\ l & \end{matrix}\middle|\begin{matrix} p & q \\ j & k \end{matrix}\right)$ 也形成一个 $d_pd_q\times d_pd_q$ 维的非奇异矩阵，不过行标记为 (r,α,l)，列标记为 (j,k) 。显然，该奇异矩阵就是 (2.32) 中的矩阵 M^{-1} 。

因为 $\Gamma^p\otimes\Gamma^q$ 是幺正的，所以 (2.32) 右边直和也是幺正的。由此，M 也可以选为幺正矩阵，这意味着

$$\left(\begin{matrix} r & \alpha \\ l & \end{matrix}\middle|\begin{matrix} p & q \\ j & k \end{matrix}\right)=\left(\begin{matrix} p & q \\ j & k \end{matrix}\middle|\begin{matrix} r & \alpha \\ l & \end{matrix}\right)^* \tag{2.41}$$

即使 C-G 系数矩阵为幺正的, C-G 系数仍有任意性。

对每一r，如果给定一对p和q以及$n_{pq}^r \leqslant 1$，容易构建一个对应选择的C-G系数的简单公式。对有限群,

$$\begin{pmatrix} p & q & r & \alpha \\ s & t & u & \end{pmatrix} = \frac{(d_r/g)^{1/2}\sum_{T\in G}\Gamma^p(T)_{sj}\Gamma^q(T)_{tk}\Gamma^r(T)^*_{ul}}{\sum_{T\in G}\Gamma^p(T)_{jj}\Gamma^q(T)_{kk}\Gamma^r(T)^*_{ll}} \tag{2.42}$$

式中j,k,l的取值不能使分母等于0。

当$n_{pq}^r > 1$时，构建C-G系数幺正矩阵更困难，对有限群作这样的选择也没有优势。

对$\Gamma^q = \Gamma^1$（Γ^1是一维恒等表示，$\Gamma^1(T)=[1]$）的情况，每一不可约表示均有

$$\Gamma^p \otimes \Gamma^1 = \Gamma^p \tag{2.43}$$

由群表示的正交性定理知

$$\begin{pmatrix} p & 1 & p & 1 \\ s & 1 & u & \end{pmatrix} = \delta_{su} \tag{2.44}$$

2.6.2 直积群的表示

设$G = G_1 \otimes G_2$，则$g_{\alpha\beta} = g_{1\alpha}g_{2\beta} = g_{2\beta}g_{1\alpha}$，如果$\{A(g_{1\alpha})\}$是$G_1$的表示，$\{B(g_{2\beta})\}$是$G_2$的表示，则

$$C(g_{\alpha\beta}) = A(g_{1\alpha}) \otimes B(g_{2\beta}) \tag{2.45}$$

是G的一个表示，称为张量积表示。如果$A=\{A(g_{1\alpha})\}, B=\{B(g_{2\beta})\}$分别是$G_1$，$G_2$的不可约表示时，则$C(g_{\alpha\beta}) = A(g_{1\alpha}) \otimes B(g_{2\beta})$是$G$的不可约表示。$G_1 \otimes G_2$的全部不等价不可约表示由$G_1$，$G_2$的不等价不可约表示的直积给出。如果$G_1$有$q_1$个类，则$G_1$有$q_1$个不等价不可约表示；如果$G_2$有$q_2$类，则$G_2$有$q_2$个不等价不可约表示；而$G$有$q_1 \times q_2$个类，即$G$有$q_1 \times q_2$个不等价不可约表示。

2.7 类算子和类代数表示

2.7.1 类算子的表示

类算子是同一类元素之和。假设第i类有g_i个元素$R_1, R_2, \cdots, R_{g_i}$，则类算子

$$C_i = \sum_{l=1}^{g_i} R_l^{(i)}, \quad i = 1, 2, \cdots, N \tag{2.46}$$

这里，用 $R_l^{(i)}$ 表示第 i 类中第 l 个元素。有时也用平均类算子

$$C_i = C_i / g_i \tag{2.47}$$

需要指出的是，尽管群算子是幺正的，但类算子不一定幺正。类算子有以下三个重要性质。

(1) 类算子与所有群元对易，

$$[C_i, R_a] = 0, \quad a = 1, 2, \cdots, g \tag{2.48}$$

(2) 不同类算子之间对易，

$$[C_i, C_j] = 0 \tag{2.49}$$

(3) 类算子在群乘下封闭，

$$C_i C_j = \sum_{k=1}^{N} C_{ij}^k C_k \tag{2.50}$$

这里 C_{ij}^k 是有限群的结构常数。由 (2.50)，可以得到

$$C_{ij}^k = C_{ji}^k \tag{2.51}$$

类算子的上述三条性质在构建群表示新方法上会起到决定性作用。有关类算子，有如下性质定理：

定理 2.7.1　由与群元对易的群算子构建的任何算子要么是类算子，要么是类算子的线性组合。

由群 G 的 N 个类算子 C_i 可以张成 N 维矢量空间，被称为类空间 L_c。它是 g 维群空间的子空间。类空间 L_c 中任何一个向量 Q 均能写成类算子 C_i 作基矢的线性组合，

$$Q = \sum_{i=1}^{n} q_i C_i = \sum_{i=1}^{n} q(C_i) C_i \tag{2.52}$$

其中 $q(C_i)$ 是复数。L_c 中任何两个向量之和定义为

$$Q^{(\mu)} + Q^{(\nu)} = \sum_{i=1}^{N} (q^{(\mu)} + q^{(\nu)})\, C_i \in L_c \tag{2.53}$$

因为 $L_c \subset L_g$，所以 L_c 的度规张量 g_{ij} 由 L_g 的度规张量决定，

$$\langle C_i | C_j \rangle = g_{ij} = g_i \delta_{ij} \tag{2.54}$$

因此，$\{C_i\}$ 正交但不归一。L_c 中任何两个向量的标量积为

$$\langle Q^{(\mu)} | Q^{(\nu)} \rangle = \sum_i g_i q_i^{(\mu)*} q_i^{(\nu)} \tag{2.55}$$

2.7.2 类代数的表示

进一步，还可以定义 L_c 中两个向量的积为

$$Q^{(\mu)}Q^{(\nu)} = \sum_i q_i^{(\mu)} C_i \sum_j q_j^{(\nu)} C_j = \sum_{ijk} q_i^{(\mu)} q_j^{(\nu)} C_{ij}^k C_k \in L_c \tag{2.56}$$

由 (2.52) 可知，$\{Q^{(\mu)}\}$ 在线性组合和群乘下也是封闭的。因此，类算子 C_i 形成一个代数，叫做类代数。类代数是群代数的子代数。

N 个复数可以看成向量 Q 在基矢 $\{C_i\}$ 上的坐标，

$$q = (q_1, q_2, \cdots, q_N) = (q(C_1), q(C_2), \cdots, q(C_N)) \tag{2.57}$$

也可以看作定义在类上的函数。对于分立群，它仅在 N 个分立的点上取值。所有 $q(C_i)$ 的集合形成一个空间，叫做类函数空间。类空间和类函数空间是一一对应的。类函数空间中任意两个向量 $q^{(\mu)}$ 和 $q^{(\nu)}$ 的标量积可以定义为

$$\left\langle q^{(\mu)} \middle| q^{(\nu)} \right\rangle = \sum_{i=1}^{N} g_i q^{(\mu)*}(C_i) q^{(\nu)}(C_i) \tag{2.58}$$

在群代数中，群元既是算子又是基矢，g 个群元形成群代数正则表示的基。类似地，类代数中，类算子既是算子又是基矢，N 个类算子形成一组类代数表示的基矢。因此，

$$\hat{C}_i C_j = C_i C_j = \sum_k D_{kj}(C_i) C_k \tag{2.59}$$

写成矩阵形式为

$$C_i \begin{pmatrix} C_1 \\ C_2 \\ \vdots \\ C_N \end{pmatrix} = \tilde{D}(C_i) \begin{pmatrix} C_1 \\ C_2 \\ \vdots \\ C_N \end{pmatrix} \tag{2.60}$$

C_i 的矩阵表示为

$$D_{kj}(C_i) = C_{ij}^k \tag{2.61}$$

就像不区分 R 和 $\hat{R}$ 一样，这里也不必要区分 C_i 和 $\hat{C}$ 。

习　题

1. 设 $A(g_\alpha)$ 是群 $G = \{g_\alpha\}$ 的一个表示，证明：$A^*(g_\alpha)$ 也是 $G = \{g_\alpha\}$ 的一个表示。

2. 设 $A(g_\alpha)$ 是群 $G=\{g_\alpha\}$ 的一个表示，证明：转置逆矩阵 $(A^{\mathrm{T}}(g_\alpha))^{-1}$ 和厄米共轭逆矩 $(A^{\dagger}(g_\alpha))^{-1}$ 也是 $G=\{g_\alpha\}$ 的一个表示。

3. 证明：除恒等表示之外，有限群任一不可约表示的特征标对群元素求和为零。

4. 如果 G_s 是群 G 表示 $D(G)$ 的同态核，证明：$D(G)$ 是商群 G/G_s 的忠实表示。

5. 设 $A(g_\alpha)$ 是有限群 $G=\{g_\alpha\}$ 的一个不可约表示，C 是 G 中的一个共轭类，λ 是常数，E 是单位矩阵，证明：$\sum_{g_\alpha \in C} A(g_\alpha)=\lambda E$。

6. 求三阶群的所有不等价不可约表示。

7. 设四阶群 $G=\{e,a,b,c\}$ 满足如下乘法表:

	e	a	b	c
e	e	a	b	c
a	a	e	c	b
b	b	c	e	a
c	c	b	a	e

求群 G 的所有不等价不可约表示。

8. 写出四阶循环群 Z_4 的左正则表示和右正则表示。

9. 证明特征标是类的函数。

10. 求群 C_{3v} 在三维笛卡儿坐标下的表示。

第 3 章　点　　群

3.1　空间操作类型

3.1.1　空间变换的一般形式

保持三维时空间 R^3 中向量长度不变的空间变换的一般形式为 $\boldsymbol{r}' = A\boldsymbol{r} + \boldsymbol{t}$。向量长度不变要求

$$\det A = \pm 1 \tag{3.1}$$

$\det A = 1$ 对应第一类操作；$\det A = -1$ 对应第二类操作。

定义所有 R^3 中的正交变换构成的群为三维实正交变换群，记为 $O(3,R)$ 或 $O(3)$，满足以下性质：

(1) $O^{\mathrm{T}} = O^{-1}$；　(3.2)

(2) $(O\boldsymbol{r} \mid O\boldsymbol{r}) = (\boldsymbol{r} \mid O^{\dagger} O\boldsymbol{r}) = (\boldsymbol{r} \mid O^{\mathrm{T}} O\boldsymbol{r}) = (\boldsymbol{r} \mid \boldsymbol{r})$；　(3.3)

(3) $(O\boldsymbol{r} \mid O\boldsymbol{r}') = (\boldsymbol{r} \mid \boldsymbol{r}')$。　(3.4)

$O(3)$ 群的单位元素是单位矩阵。

三维正交变换群的不变子群有特殊三维正交变换群 $SO(3,R)$ 和空间反演群 $\{E,I\}$。$SO(3,R)$，简称为 $SO(3)$，即 $SO(3) = \{O \in O(3) \mid \det O = 1\}$。$R^3$ 中任一组正交归一基，在 $SO(3)$ 群元的作用下，变为另一组正交归一基。三维正交变换群是特殊三维正交群和空间反演群的直积，即

$$O(3) = SO(3) \otimes \{E,I\} \tag{3.5}$$

3.1.2　空间操作的基本类型

空间操作的基本类型有

(1) 纯转动，即 $\boldsymbol{t} = 0$，$\det A = 1$。则

$$\begin{pmatrix} x' \\ y' \\ z' \end{pmatrix} = A\begin{pmatrix} x \\ y \\ z \end{pmatrix} = \begin{pmatrix} \cos\varphi & -\sin\varphi & 0 \\ \sin\varphi & \cos\varphi & 0 \\ 0 & 0 & 1 \end{pmatrix}\begin{pmatrix} x \\ y \\ z \end{pmatrix} \tag{3.6}$$

该操作的几何意义为沿 z 轴转角度 φ，即 $C_z(\varphi)$ 。

(2) 反演 (反射) I, 即 $\boldsymbol{t}=0$，$\det A=-1$，$\varphi=\pi$ 。则

$$\begin{pmatrix} x' \\ y' \\ z' \end{pmatrix} = I\begin{pmatrix} x \\ y \\ z \end{pmatrix} = \begin{pmatrix} \cos\pi & -\sin\pi & 0 \\ \sin\pi & \cos\pi & 0 \\ 0 & 0 & -1 \end{pmatrix}\begin{pmatrix} x \\ y \\ z \end{pmatrix} = -\begin{pmatrix} x \\ y \\ z \end{pmatrix} \tag{3.7}$$

即 $\boldsymbol{r}'=I\boldsymbol{r}=-\boldsymbol{r}$ 。该操作的几何意义是关于原点的反演或反射。

(3) 镜像反射 σ，即 $\boldsymbol{t}=0$，$\det A=-1$，$\varphi=0$ 。则

$$\begin{pmatrix} x' \\ y' \\ z' \end{pmatrix} = \sigma\begin{pmatrix} x \\ y \\ z \end{pmatrix} = \begin{pmatrix} 1 & 0 & 0 \\ 0 & 1 & 0 \\ 0 & 0 & -1 \end{pmatrix}\begin{pmatrix} x \\ y \\ z \end{pmatrix} = \begin{pmatrix} x \\ y \\ -z \end{pmatrix} \tag{3.8}$$

该操作的几何意义是关于 xy 平面的反射。

(4) 转动反演, 即 $\boldsymbol{t}=0$，$\det A=-1$，$\varphi=\pi+\psi$ 。则

$$\begin{aligned}\begin{pmatrix} x' \\ y' \\ z' \end{pmatrix} &= A\begin{pmatrix} x \\ y \\ z \end{pmatrix} = \begin{pmatrix} \cos(\pi+\psi) & -\sin(\pi+\psi) & 0 \\ \sin(\pi+\psi) & \cos(\pi+\psi) & 0 \\ 0 & 0 & -1 \end{pmatrix} \\ &= \begin{pmatrix} -\cos\psi & \sin\psi & 0 \\ -\sin\psi & -\cos\psi & 0 \\ 0 & 0 & -1 \end{pmatrix}\begin{pmatrix} x \\ y \\ z \end{pmatrix} \\ &= \begin{pmatrix} \cos\psi & -\sin\psi & 0 \\ \sin\psi & -\cos\psi & 0 \\ 0 & 0 & 1 \end{pmatrix}\begin{pmatrix} -1 & 0 & 0 \\ 0 & -1 & 0 \\ 0 & 0 & -1 \end{pmatrix}\end{aligned} \tag{3.9}$$

该操作的几何意义为绕 z 轴转 ψ 后，再关于原点反演或发射。

(5) 转动镜像反射，即 $\boldsymbol{t}=0$，$\det A=-1$，$\varphi\neq 0$，则

$$\begin{aligned}\begin{pmatrix} x' \\ y' \\ z' \end{pmatrix} &= A\begin{pmatrix} x \\ y \\ z \end{pmatrix} = \begin{pmatrix} \cos\varphi & -\sin\varphi & 0 \\ \sin\varphi & \cos\varphi & 0 \\ 0 & 0 & -1 \end{pmatrix}\begin{pmatrix} x \\ y \\ z \end{pmatrix} \\ &= \begin{pmatrix} \cos\varphi & -\sin\varphi & 0 \\ \sin\varphi & \cos\varphi & 0 \\ 0 & 0 & 1 \end{pmatrix}\begin{pmatrix} 1 & 0 & 0 \\ 0 & 1 & 0 \\ 0 & 0 & -1 \end{pmatrix}\begin{pmatrix} x \\ y \\ z \end{pmatrix}\end{aligned} \tag{3.10}$$

该操作的集合意思为绕 z 轴转 φ 后，再沿 xy 平面反射。

(6) 纯平移，即 $\det A=1$，$\varphi=0$，$\boldsymbol{t}\neq 0$。则

$$\boldsymbol{r}'=\boldsymbol{r}+\boldsymbol{t} \tag{3.11}$$

该操作的几何意义为平移无转动。

(7) 螺旋转动，即 $\varphi\neq 0$，$\det A=1$，$t_1=0$，$t_2=0$，$t_3\neq 0$。则

$$\begin{pmatrix} x' \\ y' \\ z' \end{pmatrix}=\begin{pmatrix} \cos\varphi & -\sin\varphi & 0 \\ \sin\varphi & \cos\varphi & 0 \\ 0 & 0 & 1 \end{pmatrix}\begin{pmatrix} x \\ y \\ z \end{pmatrix}+\begin{pmatrix} 0 \\ 0 \\ t_3 \end{pmatrix} \tag{3.12}$$

该操作的几何意义为绕 z 轴转 φ 角，并沿 z 轴平移 t_3。

(8) 滑移镜像反射，即 $\varphi=0$，$t_1\neq 0$，$t_2\neq 0$，$t_3=0$，$\det A=-1$。则

$$\begin{pmatrix} x' \\ y' \\ z' \end{pmatrix}=A\begin{pmatrix} x \\ y \\ z \end{pmatrix}+\begin{pmatrix} t_1 \\ t_2 \\ t_3 \end{pmatrix}=\begin{pmatrix} 1 & 0 & 0 \\ 0 & 1 & 0 \\ 0 & 0 & -1 \end{pmatrix}\begin{pmatrix} x \\ y \\ z \end{pmatrix}+\begin{pmatrix} t_1 \\ t_2 \\ 0 \end{pmatrix} \tag{3.13}$$

该操作的几何意义为沿 xy 平面反射并在 xy 平面内滑移 (t_1,t_2)。

3.2 对称操作

在分子结构模型中，对应于相同原子的点叫做等价点。空间操作后，初始原子和等价原子将不能区分 (即不能区分内部环境)，这样的模型，叫做等价结构模型。在等价结构模型中，使初始点变为等价点的操作，或者说，使初始结构模型变为等价结构模型的操作叫做对称操作。

如果所有的对称操作均能保持一点不动，那么这类对称操作构成的群叫做点群。

3.2.1 对称操作的性质

对称操作是关于某一对称元素的操作。对称元素是指一个几何体，如点、直线、平面 (通过它们进行对称操作)。点群所有可能的对称元素分为四类，即对称中心、对称平面、对称轴、n 阶对称反射轴 S_n。

反演操作 (I) 是关于对称中心 (对称点) 的操作；反射操作 (σ) 是关于对称平面的操作；转动操作 $C(\boldsymbol{k},\alpha)$ 代表绕固定轴 $\boldsymbol{k}$ 的转动 (转角为 α)；转动反演操作 $IC(\boldsymbol{k},\alpha)$ 表示先绕固定轴 $\boldsymbol{k}$ 转 α 角度后，再关于原点进行反演；转动反射

操作 $\sigma_h C(\boldsymbol{k},\alpha)=S(\boldsymbol{k},\alpha)$ 表示先绕固定轴 $\boldsymbol{k}$ 转 α 的角度后，再关于垂直于 $\boldsymbol{k}$ 轴的水平平面进行反射。

上述对称操作满足

$$I^2=E,\quad \sigma^2=E,\quad \sigma_h^2=E,\quad S_{2m}^{2m}=E,\quad S_{2m+1}^{2(2m+1)}=E \tag{3.14}$$

另外，因为

$$\sigma_k C_2(z)\begin{pmatrix}x\\y\\z\end{pmatrix}=\sigma_k\begin{pmatrix}-x\\-y\\z\end{pmatrix}=\begin{pmatrix}-x\\-y\\-z\end{pmatrix}=I\begin{pmatrix}x\\y\\z\end{pmatrix}$$

所以

$$I=C_2\sigma_h=\sigma_h C_2 \tag{3.15}$$

从而

$$\sigma_h=IC_2=C_2 I \tag{3.16}$$

$$C_2=I\sigma_h=\sigma_h I \tag{3.17}$$

此外,

$$C(\boldsymbol{k},\alpha)C(\boldsymbol{k},\beta)=C(\boldsymbol{k},\alpha+\beta) \tag{3.18}$$

$$C_2(\boldsymbol{B})C_2(\boldsymbol{A})=C(\boldsymbol{A}\times\boldsymbol{B},2\angle\boldsymbol{A},\boldsymbol{B}) \tag{3.19}$$

或者

$$C_2(\boldsymbol{A})=C_2(\boldsymbol{B})C(\boldsymbol{A}\times\boldsymbol{B},2\angle\boldsymbol{A},\boldsymbol{B}) \tag{3.20}$$

$$C_2(\boldsymbol{B})=C(\boldsymbol{A}\times\boldsymbol{B},2\angle\boldsymbol{A},\boldsymbol{B})C_2(\boldsymbol{A}) \tag{3.21}$$

值得注意的是，有一种特殊情况，即

$$C_2(\boldsymbol{j})C_2(\boldsymbol{i})=C_2(\boldsymbol{k}) \tag{3.22}$$

从 (3.19) 可以导出一个重要推论，即如果存在一个 C_n 轴和一个垂直于它的 C_2 轴，则必定存在 n 个垂直于 C_n 轴的轴，它们互成 π/n 角度。

关于反射操作，有

$$\sigma(\boldsymbol{m}_2)\sigma(\boldsymbol{m}_1)=C(\boldsymbol{m}_1\times\boldsymbol{m}_2,2\angle\boldsymbol{m}_1,\boldsymbol{m}_2)=C(\boldsymbol{m}_1\times\boldsymbol{m}_2,2\phi) \tag{3.23}$$

由此可得

$$\sigma_v=\sigma_v' C(\boldsymbol{k},2\varphi) \tag{3.24}$$

$$\sigma_v'=C(\boldsymbol{k},2\varphi)\sigma_v \tag{3.25}$$

注意，一般情况下，$\sigma_1\sigma_2\neq\sigma_2\sigma_1$。从 (3.23) 可以导出另一重要推论，即如果存在一个 C_n 轴以及包含它的对称平面 σ_v，则一定存在 n 个对称平面 σ_v (包括原来的)，它们的夹角为 π/n。

3.2.2 对称操作的分类

根据对称操作的性质，可知对称操作包括可交换的对称操作和不可交换的对称操作两大类。可交换的对称操作包括

(1) 沿相同轴的两次转动：

$$C(\boldsymbol{n},\alpha)C(\boldsymbol{n},\beta)=C(\boldsymbol{n},\beta)C(\boldsymbol{n},\alpha) \tag{3.26}$$

(2) 对两个互相垂直平面的反射：

$$\sigma_h\sigma_v=\sigma_v\sigma_h \tag{3.27}$$

(3) 反演和反射：

$$I\sigma=\sigma I \tag{3.28}$$

(4) 反演和转动：

$$IC_n=C_nI \tag{3.29}$$

(5) 绕两个互相垂直轴的 C_2 转动：

$$C_2(\boldsymbol{i})C_2(\boldsymbol{j})=C_2(\boldsymbol{j})C_2(\boldsymbol{i}) \tag{3.30}$$

(6) 绕转动轴的转动和对垂直于转动轴平面的反射：

$$\sigma_hC_n=C_n\sigma_h \tag{3.31}$$

因为第一类对称操作乘以第一类对称操作仍然是第一类对称操作，所以第一类操作具有封闭性。又因为第二类对称操作乘以第二类对称操作是第一类对称操作，所以第二类对称操作不具有封闭性。因此，单独的第一类对称操作可以构成群，单独的第二类对称操作不能构成群。

3.3 点　　群

点群是保持分子结构不变的几何对称操作群。因此，在分子结构模型中，点群中的对称操作是把原始点变成等价点的几何对称操作。

3.3.1 点群的性质

由点群的定义可知，点群具有以下性质：

(1) 所有群元都至少保持一点不动，如反演和反射；

(2) 点群是 $O(3)$ 的有限子群。

通常把所有行列式等于 1 的一类点对称操作构成的群称为第一类点群。所有点对称操作构成的群称为第二类点群。注意，第二类点群包括行列式等于 1 和行列式等于−1 两类点对称操作，数目各半。

3.3.2 点群的分类

假设 A, B 是对称元素，a, b 分别是由 A, B 产生的对称操作 (即 $a\in A, b\in B$)，如果存在一个对称操作 p，使得 $b=pap^{-1}$，则称 A, B 为等价对称元素，a, b 是共轭元素，属同一类。

例 3.3.1 如果 $C_n^i, C_m^j\in G$，则 $C'_{nj}=C_m^j C_n^i C_m^{-j}\in G$。$C'_{nj}$ 是通过绕 C_n 轴转 $\dfrac{2\pi}{m}j\,(j=1,2,\cdots,m)$ 得到的第 j 个新的 C_n 轴 (共有 m 个)，它们都是等价对称轴。由此得出结论：绕等价对称轴转相同角度的群元同属一类。

例 3.3.2 根据等价元素可以对对称操作进行分类，如沿等价轴转相同角度的元素属同一类；又如通过等价平面的反射操作属同一类。

例 3.3.3 因为 $C_n^k\sigma_h=\sigma_h C_n^k, \sigma_h\perp C_n$，所以

$$C_n^k=\sigma_h C_n^k \sigma_h \tag{3.32}$$

因此，σ_h 的存在并不改变 C_n^k 的类。

例 3.3.4 因为 $C'^k=C_2C_n^kC_2$ (C'_n 的方向与 C_n 反向，它们是等价的)，所以

$$C_n^{-k}=C_2C_n^kC_2,\quad C_2\perp C_n \tag{3.33}$$

如果把 C_n 看作双向轴，C_2 的存在不改变 C_n^k 的类，沿 C'_n 转 $\dfrac{2\pi}{n}k$ 的操作 (事实上，可看作绕 C_n 轴转 $-\dfrac{2\pi}{n}k$)，与 C_n^k 同类。因此，如果存在与 C_n 轴垂直的 C_2 轴，会改变 C_n^k 的类，使 C_n^k 和 $C_n^{-k}(C_n^{n-k})$ 属于群的同一个类元素。

例 3.3.5 因为

$$C_n^{-k}=\sigma_v C_n^k \sigma_v,\quad \sigma_v=\sigma_v^{-1} \tag{3.34}$$

所以，如果存在包含 C_n 轴的对称平面，则 C_n^k 和 C_n^{-k} 属于同一类元素。我们把只有一个方向的转动轴，称为单向轴，允许两个方向的转动轴称为双向轴。对单向轴而言，C_n^k 和 C_n^{-k} 是属于不同的类；而对双向轴 (当存在垂直于 C_n 轴的 C_2 轴或包含 C_n 轴的 σ_v 面时，C_n 轴是双向轴) 而言，C_n^k 和 C_n^{-k} 属于同一类。

根据对称轴的性质，可以把第一类点群分为以下几类：

(1) 单轴点群，即 C_n 群，指仅包含有一个转动轴的第一类点对称操作群。假设群 G 是绕固定轴 $\boldsymbol{k}$ 转动所生成的 n 阶群，则 G 由元素 $C_{\boldsymbol{k}}(2\pi/n)$ 生成。如果 $n=1$，则 $G=\{C_1=e\}$ 只包括一个群元。如果 $n=\infty$，则 G 包括无穷多群元。线性分子就满足这样的对称性。一般来讲，C_n 群有 n 个群元，对应 n 阶循环群，有 n 个类和 n 个不等价不可约表示 (均是一维的)。

(2) 多轴点群，即不含高阶轴的多轴点群，只有 $G=\{e,C_2,C_2',C_2''\}$。在笛卡儿坐标系中，$C_2(\boldsymbol{i})$，$C_2(\boldsymbol{j})$，$C_2(\boldsymbol{k})$ 和单位元素 e 组成一个四阶群。这里，$C_2(\boldsymbol{i})C_2(\boldsymbol{j})=C_2(\boldsymbol{k})$。该群是阿贝尔群，但不是循环群，有 4 个类和 4 个不等价不可约表示。

(3) 拥有一个高阶轴的多轴点群，即 D_n (二面体群)。例如，$n=4$，即 D_4。在 D_4 中，C_2,C_2'' 是等价轴；C_2',C_2''' 是等价轴。又如，$n=3$，即 D_3。在 D_3 中，C_2,C_2',C_2'' 均是等价轴。因此，可以得出结论：当 n 是奇数时，n 个二阶轴产生同一类对称操作；当 n 是偶数时，n 个 C_2 轴产生两类对称操作。当 n 为奇数时，

$$D_n=\left\{e,C_n^1,C_n^2,\cdots,C_n^{n-1},C_2^{(1)},C_2^{(2)},\cdots,C_2^{(n)}\right\}=\left\{e,2C_n^1,2C_n^2,\cdots,2C_n^{\frac{n-1}{2}},nC_2^{(1)}\right\}$$

其中类的个数为 $1+\dfrac{n-1}{2}+1=\dfrac{n+3}{2}$。当 n 为偶数时，

$$D_n=\left\{e,C_n^1,C_n^2,\cdots,C_n^{n-1},C_2^{(1)},C_2^{(2)},\cdots,C_2^{(n)}\right\}=\left\{e,2C_n^{\frac{n}{2}},2C_n^2,\cdots,2C_n^{\frac{n}{2}-1},\frac{n}{2}C_2,\frac{n}{2}C_2'\right\}$$

其中类的个数为 $2+\left(\dfrac{n}{2}-1\right)+2=\dfrac{n}{2}+3=\dfrac{n+6}{2}$。

(4) 拥有多个高阶轴的多轴点群。可以证明至多存在两个高阶轴 C_n,C_m，其中 C_m 是绕 C_n 轴转 $\dfrac{2\pi}{n}j\,(j=1,2,\cdots,n)$ 产生的 (共可以产生 n 个 C_m 轴)，交单位球面 n 个点，形成正 n 边形围成的正多面体。该正多面体表面都是正 n 边形，彼此等价，顶角由 m 个正边形形成的等价棱边 (正多边开的边等价)。由正多面体正顶角要求，即

$$m\cdot\frac{(n-2)\pi}{n}<2\pi,\quad n,m\geqslant 3 \tag{3.35}$$

n,m 的取值只能是：$n=3,m=3$；$n=3,m=4$；$n=4,m=3$；$n=3,m=5$；$n=5$，$m=3$，分别对应于正四面体、立方体、正八面体、正二十面体和正十二面体。值得指出的是，对于凸多面体，拓扑学给出：$F+V-E=2$ (这里，F 是正多面体面的个数，V 是顶点数，E 是棱的个数)。以下详细介绍上述五种多面体群以

及相应的对称操作。

(Ⅰ) T 群 (正四面体群), 即 $n=3, m=3$

该四面体由 4 个顶角、4 个三角形表面、6 条棱边组成, 如图 3.3.1 所示。该四面体群的群元个数=顶角数×$m = 4×3 = 12$。这 12 个群元包括由 4 个 C_3 轴（C_3 轴：从每个顶角到相对表面中心连线是一个三阶轴, 彼此等价）和 3 个 C_2 轴（C_2 轴：两个相对棱边中心连线是一个二阶轴, 彼此等价）产生的对称操作。因此, $T=\{e,4C_3^1,4C_3^2,3C_2\}$, 共 4 个类和 12 个群元。

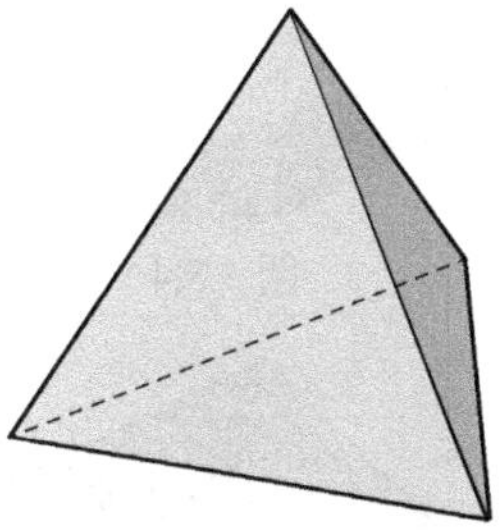
图 3.3.1

(Ⅱ) O 群

O 群对应两种多面体, 一种是立方体, 即 $n=4$, $m=3$, 有 8 个顶角、6 个表面、12 条棱, 如图 3.3.2 所示。群元个数=顶角数×$m = 8×3 = 24$。这 24 个群元包括由 3 个 C_4 轴（C_4 轴：立方体两个相对表面中心连线是四阶轴, 彼此等价）、4 个 C_3 轴（C_3 轴：两个相对顶角连线是三阶轴, 彼此等价）和 6 个 C_2 轴（C_2 轴：两个相对棱边中点连线是二阶轴, 彼此等价）产生的对称操作。因为 $C_2 \perp C_3$, $C_2 \perp C_4$, 所以 $O=\{e,4(C_3^1,C_3^2),3(C_4^1,C_4^3),3C_4^2,6C_2\}$, 共 5 个类和 24 个群元。

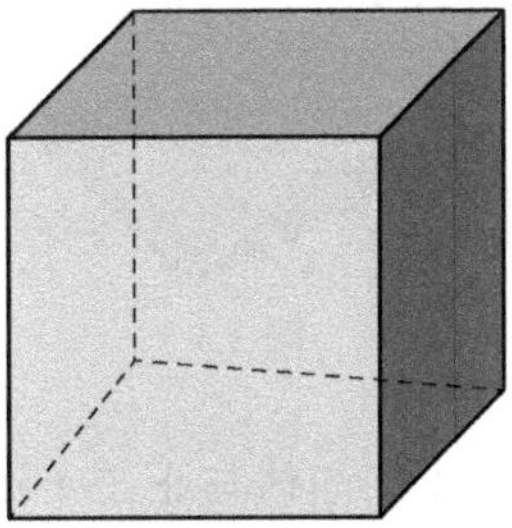
图 3.3.2

O 群对应的另一种多面体是正八面体, 即 $n=3$, $m=4$, 有 6 个顶角、8 个正三角形表面、12 条棱边, 如图 3.3.3 所示。群元个数=顶角数×$m = 6×4 = 24$。该群包括由 4 个 C_3 轴（C_3 轴：两个相对表面中心连线是一个三阶轴, 彼此等价）、3 个 C_4 轴（C_4 轴：两个相对顶角连线是一个四阶轴, 彼此等价）、6 个 C_2 轴（C_2 轴：两个相对棱边中心连线是一个二阶轴, 彼此等价）产生的对称操作。因为 $C_2 \perp C_3$, $C_2 \perp C_4$, 所以 $O=\{e,4(C_3^1,C_3^2), 3(C_4^1,C_4^3),3C_4^2,6C_2\}$, 共 5 个类和 24 个群元。

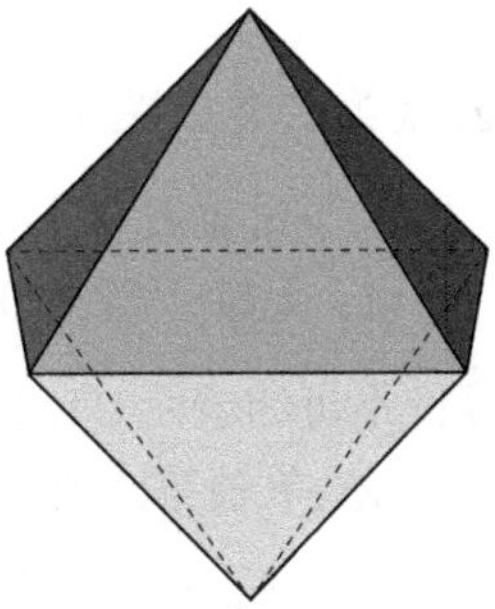
图 3.3.3

事实上, 正八面体内接于立方体六个表面的中心, 八面体与立方体有相同的对称操作。

(Ⅲ) Y 群或 I 群

该群也对应两种多面体。一种是正十二面体, 即 $n=5$, $m=3$, 有 20 个顶

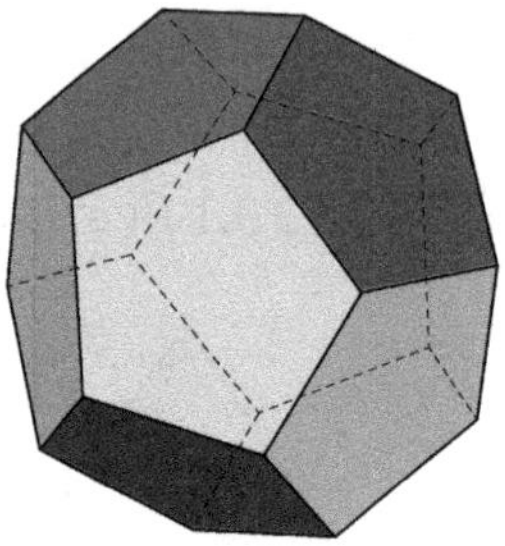

图 3.3.4

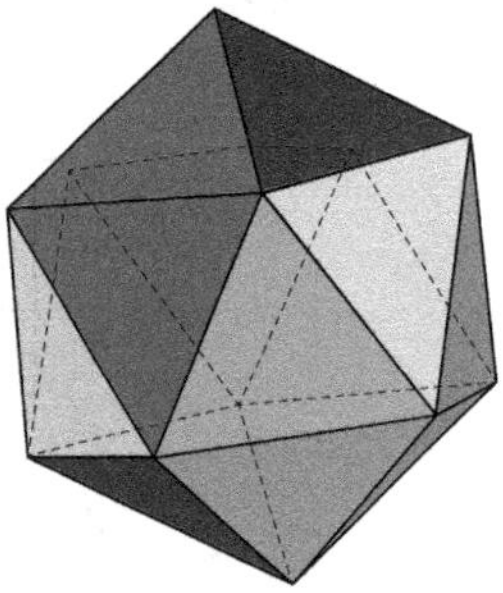

图 3.3.5

角、12 个正五边开表面、30 条棱，如图 3.3.4 所示。群元数目=顶角数×$m = 20\times 3 = 60$。这 60 个群元包括由 6 个 C_5 轴（C_5 轴：两个相对表面中心的连线是一个五阶轴，彼此等价）、10 个 C_3 轴（C_3 轴：相对顶角的连线是一个三阶轴，彼此等价）、15 个 C_2 轴（C_2 轴：相对边中心的连线是二阶轴，彼此等价）产生的对称操作。因为 $C_2 \perp C_3$，$C_2 \perp C_5$，所以

$$Y = \{e, 6(C_5^1, C_5^4), 6(C_5^2, C_5^3), 10(C_3^1, C_3^2), 15C_2\}$$

共 5 个类和 60 个群元。

该群对应的另一种多面体是正二十面体，即 $n = 3$，$m = 5$，有 20 个正三角形表面、12 个顶角、30 条棱边，如图 3.3.5 所示。同样，60 个群元包括由 6 个 C_5 轴、10 个 C_3 轴和 15 个 C_2 轴产生的对称操作。

事实上，如果把正二十面体相邻两面的中心连接起来，就形成一个正十二面体内接于二十面体。因此，正十二面体与正二十面体具有相同的对称操作。

第二类点群同时包括两类点对称操作，$G = G_1 \cup g_2 G_1$，其中 g_2 满足

$$g_2^2 \in G_1, \quad g_2^{-1} = C(-g_2\boldsymbol{n}, \alpha) \in G_1$$

g_2 是第二类点操作，作用后，并不改变轴的阶数。

以下讨论各种第二类点群。

(1) 无轴点群，即 $C_s = \{e, \sigma\}, C_i = \{e, i\}$。群的阶数为 2，有 2 个类，有 2 个不等价不可约表示 (1, 1), (1, −1)。

(2) 单轴第二类点群，即推广的 C_n，有以下几种：

（Ⅰ）$C_n \xrightarrow{\sigma_h} C_{nh} = C_n \cup \sigma_h C_n = C_n \otimes C_s$。对称元素为 C_n 轴和 σ_h，由此产生的对称操作组成 $C_{nh} = \left\{e, C_n^1, C_n^2, \cdots, C_n^{n-1}, \sigma_h, \sigma_h C_n^1, \sigma_h C_n^2, \cdots, \sigma_h C_n^{n-1}\right\}$，共 $2n$ 个群元和 $2n$ 个类。

（Ⅱ）$C_n \xrightarrow{\sigma_v} C_{nv} = C_n \cup \sigma_v C_n$。因为 C_v 包含 C_n 轴，所以共可以产生 n 个 σ_v 面，夹角为 π / n，其中夹角为 $2\pi / n$ 的面属同一类，其相互等价。当 n 为奇数时，n 个 σ_v 属同一类，C_n^k，C_n^{-k} 属同一类。因此，

$$C_{nv} = \left\{e, (C_n^1, C_n^{n-1}), \cdots, \left(C_n^{\frac{n-1}{2}}, C_n^{\frac{n+1}{2}}\right), n\sigma_v\right\}$$

共有 $\frac{n+3}{2}$ 个类。当 n 为偶数时，n 个 σ_v 分为两类，因此，

$$C_{nv}=\left\{e,C_n^{\frac{n}{2}},\left(C_n^1,C_n^{n-1}\right),\cdots,\left(C_n^{\frac{n}{2}-1},C_n^{\frac{n}{2}+1}\right),\frac{n}{2}\sigma_v,\frac{n}{2}\sigma_v'\right\}$$

共有 $\frac{n}{2}+3$ 个类。故此，$C_{nv}\cong D_n$。

(Ⅲ) $C_n\xrightarrow{I}C_{ni}=C_n\cup IC_n=C_n\otimes C_i$。当 n 为奇数时，$C_{ni}=\{e,C_n^1,\cdots,C_n^{n-1},I,IC_n^1,\cdots,IC_n^{n-1}\}$，共有 $2n$ 个群元，$2n$ 个类，有 $2n$ 个一维不等价不可约表示。当 n 为偶数 (n=2m) 时，因为 $C_{2m}^m=C_2$，所以 $IC_{2m}^m=IC_2=\sigma_h$。因此，

$$C_{ni}=\left\{e,C_n^1,C_n^2,\cdots,C_n^{n-1},\sigma_h,\sigma_hC_n^1,\sigma_hC_n^2,\cdots,\sigma_hC_n^{n-1}\right\}\cong C_{nh}=C_n\otimes C_s$$

(Ⅳ) $S_n=\sigma_hC_n$。当 $n=1$,时，$S_1=\{e,\sigma\}=C_s$；当 $n=2$ 时，$S_2=\{e,i\}=C_i$。当 n 为奇数时，S_n 产生 $2n$ 个对称操作，

$$S_n=\left\{e,C_n^1,C_n^2,\cdots,C_n^{n-1},\sigma_h,\sigma_hC_n^1,\sigma_hC_n^2,\cdots,\sigma_hC_n^{n-1}\right\}\cong C_{nh}=C_n\otimes C_s$$

当 n 为偶数 4m+2 时，S_{4m+2} 产生 4m+2 个对称操作，

$$\begin{aligned}S_{4m+2}&=\left\{e,C_{2m+1}^1,C_{2m+1}^2,\cdots,C_{2m+1}^{2m},\sigma_h,\sigma_hC_{4m+2}^1,\sigma_hC_{4m+3}^3,\cdots,\sigma_hC_{4m+2}^{4m+1}\right\}\\&=C_{2m+1}\otimes C\cong C_{2m+1,i}\end{aligned}$$

当 n 为偶数 4m 时，

$$S_{4m}=\left\{e,C_{2m}^1,\cdots,C_{2m}^{2m-1},\sigma C_{4m}^1,\sigma C_{4m}^3,\cdots,\sigma C_{4m}^{4m-1}\right\}$$

(3) 拥有一个高阶轴的第二类多轴点群

(Ⅰ) $D_n\xrightarrow{\sigma_h}D_{nh}=D_n\cup\sigma_hD_n$。这里，$D_n$ 群由 1 个 C_n 轴、n 个 C_2 轴 ($C_2\perp C_n$，$\sigma_h\perp C_n$) 产生的对称操作组成。因为 $\sigma(\boldsymbol{m}_2)\sigma(\boldsymbol{m}_1)=C(\boldsymbol{m}_1\times\boldsymbol{m}_2,2\phi)$，其中 ϕ 是两平面夹角，所以 $\sigma_v(\boldsymbol{i})\sigma_h(\boldsymbol{k})=C_2(\boldsymbol{j},\pi)$，如图 3.3.6 所示。$n$ 个 C_2 与 σ_h 等价，n 个 σ_v 平面等价。当 n 为奇数时，

$$D_{nh}=\{e,(C_n^1,C_n^{n-1}),\cdots,nC_2,\sigma_h,(\sigma_hC_n^1,\sigma_hC_n^{n-1}),n\sigma_v\}$$

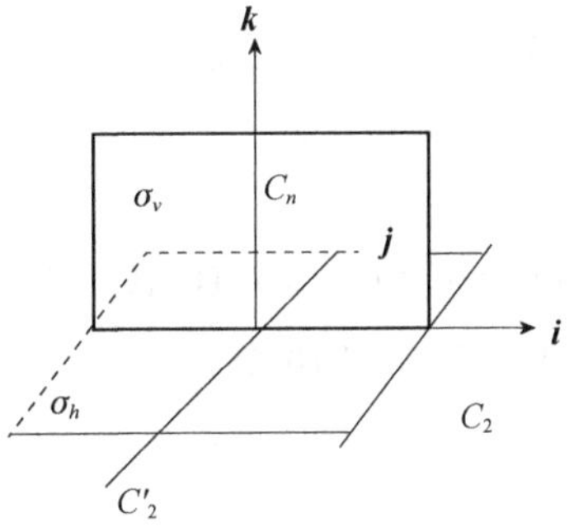

图 3.3.6

4n 个群元和 $n+3$ 个类；当 n 为偶数时，

$$D_{nh}=\left\{e,(C_n^1,C_n^{n-1}),\cdots,\frac{n}{2}C_2,\frac{n}{2}C_2',\sigma_h,(\sigma_hC_n^1,\sigma_hC_n^{n-1}),\cdots,\frac{n}{2}\sigma_v,\frac{n}{2}\sigma_v'\right\}$$

4n 个群元和 $n+6$ 个类。

例如,

$$D_{2h}=D_2\cup\sigma_h D_2=\{e,C_2,C_2',C_2'',I,IC_2=\sigma_h,IC_2'=\sigma_v'',IC_2''=\sigma_v'\}=D_2\otimes C_i$$

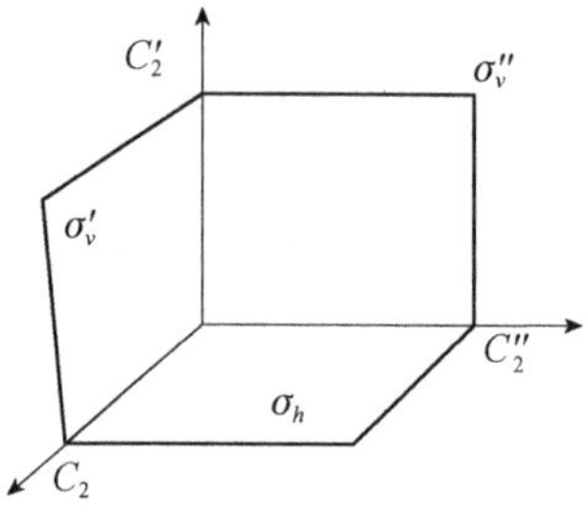

图 3.3.7

8 个群元和 8 个类, 如图 3.3.7 所示。这里, $\sigma_v'\sigma_h=C_2'$, $\sigma_v''\sigma_h=C_2''$, $C_2\sigma_h=I$ 。

(Ⅱ) $D_n\xrightarrow{\sigma_d}D_{nd}=D_n\cup\sigma_d D_n$ 。这里, σ_v 包含一个 C_n 轴和一个 C_2 轴, σ_d 包含一个 C_n 轴并平分两个 C_2 轴的夹角, n 个 σ_d 同属一类, σ_d 把 C_n 轴变为 S_{2n} 轴 (双向轴)。因此,

$$D_{nd}=\left\{e,\left(C_n^1,C_n^{n-1}\right),\cdots,\left(S_{2n}^1,S_{2n}^{2n-1}\right),n\sigma_d,nC_2\right\}$$

$4n$ 个群元和 $n+3$ 个类。

(4) 第二类多面体群

(Ⅰ) $T_d=T\cup\sigma_d T$ 。对称元素包括 6 个 σ_d (包含一对 C_3 轴, 平分另一对 C_3 轴的夹角; 另外还包括一个 C_2 轴, 平分另一对 C_2 轴的夹角)。原点是 4 个 C_3 轴和 3 个 C_2 的交点。σ_d 会把 C_2 变为 S_4, 即变成双向轴, 把 C_3 变成双向轴。

$$T_d=\{e,4(C_3^1,C_3^2),3(S_4^1,S_4^3),3(S_4^2=C_2),6\sigma_d\}$$

24 个群元和 5 个类。所以, $T_d\cong O$ 。

(Ⅱ)

$$T_h=T\cup\sigma_h T=T\otimes C_i=\{e,4C_3^1,4C_3^2,3C_2,I,4IC_3^2,4IC_3^2,3\sigma_h(\sigma_h=IC_2)\}$$

24 个群元和 8 个类。

(Ⅲ)

$$O_h=O\cup\sigma_h O=O\otimes C_i$$

$$O_h=\{e,4(C_3^1,C_3^2),3(C_4^1,C_4^3),3(C_4^2=C_2),6C_2,I,\ 4(IC_3^1,IC_3^2),3(IC_4^1,IC_4^3),3(IC_4^2),6(IC_2)\}$$

48 个群元和 10 个类。

(Ⅳ)

$$Y_h=Y\cup\sigma_h Y=Y\otimes C_i$$

120 个群元和 10 个类。

3.4 晶体点群

点群是旋转群的离散子群, 它用来描写分子和晶体等物体的对称性。但并非

所有点群都是晶体点群，只有满足晶体对称操作要求的点群才是晶体点群。

晶体是一个无限多点的系统，理想晶体是由全同结构单元在空间无限次重复构成，其结构用晶格描述。一个晶格，在晶体点群作用下不变，而且恒有一点不动。

3.4.1 晶体制约定理

对任意晶格，总可以找到三个线性无关向量 $\boldsymbol{\alpha}_1,\boldsymbol{\alpha}_2,\boldsymbol{\alpha}_3$，过空间任一点 $\boldsymbol{r}$ 的晶格由 $\boldsymbol{r}+\boldsymbol{\alpha}$ 组成，$\boldsymbol{\alpha}=\sum_{i=1}^{3}n_i\boldsymbol{\alpha}_i, n_i=0,\pm1,\pm2,\cdots$。同一晶格，$\boldsymbol{\alpha}_1,\boldsymbol{\alpha}_2,\boldsymbol{\alpha}_3$ 的取法可以不同，但由 $\boldsymbol{r}+\boldsymbol{\alpha}$ 堆成的晶格是相同的。

对于任意晶体，有如下制约定理：

定理 3.4.1 设 G 是晶体点群，则 G 中的转动元素只可能由 E,C_2,C_3,C_4,C_6 生成，G 中的转动反演元素只可能由 I,IC_2,IC_3,IC_4,IC_6 生成。

证明 考虑点群元素

$$g\in G,\quad g\boldsymbol{\alpha}_j=\sum_{i=1}^{3}C_{ij}\boldsymbol{\alpha}_i,\quad C_{ij}=\begin{pmatrix}\cos\psi & -\sin\psi & 0\\ \sin\psi & \cos\psi & 0\\ 0 & 0 & \pm1\end{pmatrix}$$

设晶格 L 在群 G 操作下不变，$g\boldsymbol{\alpha}_j$ 在 L 上，要求 C_{ij} 必须为整数 $0,\pm1,\pm2,\cdots$，$|\mathrm{tr}(C_{ij})|=|\pm1+2\cos\psi|\leqslant3$ 且必为整数。所以 $\cos\psi$ 只可能取 $0,\pm\frac{1}{2},\pm1$，ψ 只可能取 $\pi/2,\pi/3,2\pi/3,0,\pi,\cdots$，故转动元素只可能由 E,C_2,C_3,C_4,C_6 生成，转动反演元素只可能由 I,IC_2,IC_3,IC_4,IC_6 生成。

晶体制约定理的另一种表述为

定理 3.4.2 晶体点群中，各种对称操作轴的阶数只能取 1, 2, 3, 4, 6。

3.4.2 晶体点群的种类

由晶体制约定理知，仅有 32 个点群 (称为晶体点群) 适用于晶体。这 32 个晶体点群中，第一类晶体点群有 $C_1,C_2,C_3,C_4,C_6,D_2,D_3,D_4,D_6,T,O$；第二类晶体点群有 $S_2,S_4,S_6,C_{1h},C_{2h},C_{3h},C_{4h},C_{6h},C_{2v},C_{3v},C_{4v},C_{6v},D_{2h},D_{3h},D_{4h},D_{6h},D_{2d},D_{3d}$，$T_h,O_h,T_d$。每一晶体点群称一个晶类。

晶体学中，常用晶系对晶格进行分类。一个晶格，可能在许多晶体点群操作下不变。如果用晶格的最大晶体点群对晶格进行分类，若两个晶格的全面对称点群是$O(3)$的共轭子群，则两个晶格属同一晶系。可以证明，共有七大晶系可以作为晶格的全面对称点群。这7大晶系分别为：(1) 三斜晶系($S_2 = \sigma_h C_2$)，包括2类对称操作S_2, C_1，原胞基矢为$a \neq b \neq c, \alpha \neq \beta \neq \gamma$；(2) 单斜晶系($C_{2h} = C_2 \cup \sigma_h C_2$)，包括3类对称操作类$C_{2h}, C_2, C_{1h}$，原胞基矢为$a \neq b \neq c$, $\alpha = \beta = 90°, \gamma \neq 90°$；(3) 正交晶系($D_{2h} = D_2 \cup \sigma_h D_2$)，包括3类对称操作$D_{2h}, D_2, D_{2v}$，原胞基矢为$a \neq b \neq c, \alpha = \beta = \gamma = 90°$；(4) 四角晶系($D_{4h} = D_4 \cup \sigma_h D_4$)，包括7类对称操作$D_{4h}, D_4, D_{2d}, C_4, C_{4v}, C_{4h}, S_4$，原胞基矢为$a = b \neq c, \alpha = \beta = \gamma = 90°$；(5) 三角晶系($D_{3d} = D_3 \cup \sigma_d D_3$)，包括5类对称操作$D_{3d}, D_3, S_6, C_3, C_{3v}$，原胞基矢为$a = b = c$, $\alpha = \beta = \gamma \neq 90°$ ($\leqslant 120°$)；(6) 六角晶系（$D_{6h} = D_6 \cup \sigma_h D_6$)，包括7类对称操作$D_{6h}, D_6, D_{3h}, C_6, C_{6h}, C_{6v}, C_{3h}$；(7) 立方晶系（$O_h = O \cup \sigma_h O$)，包括5类对称操作$O_h, O, T, T_h, T_d$。

3.4.3 晶体点群的符号表示

在国际符号中，用转动反演$IC_k(2\pi / n)$和转动反演轴作为对称操作和对称元素；在熊夫利符号中，用转动反射$S_k(2\pi / n)$和转动反射轴$\boldsymbol{k}$作为对称操作和对称元素。在国际符号中，用字母X表示X阶转动轴，用$\bar{X}$表示X阶转动反演轴，如用数字1, 2, 3, 4, 6表示一、二、三、四、六阶转动轴，用$\bar{1}, \bar{2}, \bar{3}, \bar{4}, \bar{6}$表示一、二、三、四、六阶转动反演轴，用$m$表示反射平面$m = \bar{2}$，反演中心用$\bar{1}$表示。转动反演轴和转动反射轴之间是相关联的，如$S_6 = \sigma_h C_6 = \bar{3}$, $S_4 = \bar{4}$, $S_3 = \bar{6}$。

用国际符号标记晶体点群时，一般先写出其主轴X(或$\bar{X}$)。如果有一组同类的二阶轴与X(或$\bar{X}$)垂直，记为X_2(或$\bar{X}_2$)。如果有两类二阶轴与X(或$\bar{X}$)垂直，记X_{22}(或$\bar{X}_{22}$)。如果反射面是过主轴X(或$\bar{X}$)的垂直反射面，记X_m(或$\bar{X}_m$)。如果过主轴X(或$\bar{X}$)有两类垂直反射面，记X_{mm}(或$\bar{X}_{mm}$)。如果反射面是和主轴X垂直的水平反射面，记为X/m。如果既有垂直反射面又有两组水平反射面，记$X/m\ mm$。用国际符号记点群时，应遵守不重复原则，只需写出为确定该点群所需要的最少数目的对称元素，如C_4记为4, S_6记为$\bar{3}$, D_3记为32, T记为23, D_6记为622, C_{3v}记为$3m$, C_{6v}记为$6mm$, C_{2h}记为$2/m$, D_{4h}记为$4/m\ mm$。

3.5 点群的不可约表示

群的表示决定于抽象群的结构，同构的群有相同的表示。直积群 $G = G_1 \otimes G_2$ 的不可约表示可由 G_1, G_2 的不可约表示的直积得到。由上述几节可知，第二类点群要么是第一类点群 K 与二阶循环群 $\{E, I\}$ 的直积 $K \bigcup IK$，要么与第一类点群同构。所以，求点群的不可约表示，只需求出第一类点群的不可约表示即可。本节以晶体点群为例，求出点群的不可约表示，即第一类晶体点群 $C_1, C_2, C_3, C_4, C_6, D_2, D_3, D_4, D_6, T, O$ 共 11 个群的不可约表示。

(1) C_1, C_2, C_3, C_4, C_6 的群表示

因为群 C_n 是循环群，有 n 个一维表示，即

$$A^p(a) = \exp\left[\frac{2\pi i(p-1)}{n}\right], \quad A^p(a^m) = \exp\left[\frac{2\pi i(p-1)m}{n}\right]$$

所以 $C_1 = \{E\}$ 的表示为 1。其余表示可以列表（或特征标表）如表 3.5.1—表 3.5.4 所示。

表 3.5.1 C_2 群的特征标表

C_2	e	C_2
A^1	1	1
A^2	1	−1

表 3.5.2 C_3 群的特征标表

C_3	e	C_3	C_3^2
A^1	1	1	1
A^2	1	$e^{2\pi i/3}$	$e^{4\pi i/3}$
A^3	1	$e^{4\pi i/3}$	$e^{2\pi i/3}$

表 3.5.3 C_4 群的特征标表

C_4	e	C_4	C_4^2	C_4^3
A^1	1	1	1	1
A^2	1	i	−1	$-i$
A^3	1	−1	1	−1
A^4	1	$-i$	−1	i

表 3.5.4 C_6 群的特征标表

C_6	e	C_6	C_6^2	C_6^3	C_6^4	C_6^5
A^1	1	1	1	1	1	1
A^2	1	$e^{\pi i/3}$	$e^{2\pi i/3}$	−1	$e^{4\pi i/3}$	$e^{5\pi i/3}$
A^3	1	$e^{2\pi i/3}$	$e^{4\pi i/3}$	1	$e^{2\pi i/3}$	$e^{4\pi i/3}$
A^4	1	−1	1	−1	1	−1
A^5	1	$e^{4\pi i/3}$	$e^{2\pi i/3}$	1	$e^{4\pi i/3}$	$e^{2\pi i/3}$
A^6	1	$e^{5\pi i/3}$	$e^{4\pi i/3}$	−1	$e^{2\pi i/3}$	$e^{4\pi i/3}$

(2) D_2,D_3,D_4,D_6 的表示

已知 $D_2=\{e,C_2,C_2',C_2''\}$ 是阿贝尔群，有 4 个类。因此，D_2 有 4 个表示，而且均是一维的。因为 $D_2=C_2\otimes C_2'=\{e,C_2\}\otimes\{e,C_2^1\}=\{e,C_2,C_2',C_2''\}$，所以 $\chi_{D_2}=\chi_{C_2}\cdot\chi_{C_2'}$，其特征标表为表 3.5.5 所示。

表 3.5.5　D_2 群的特征标表

D_2	e	C_2	C_2'	C_2''
A^1	1	1	1	1
A^2	1	1	−1	−1
A^3	1	−1	1	−1
A^4	1	−1	−1	1

关于 D_3 的表示，前面已经详细讨论过。它有 2 个一维不可约表示和 1 个二维不可约表示，其特征标表为表 3.5.6 所示。

表 3.5.6　D_3 群的特征标表

D_3	e	$2\{d\}$	$3\{a\}$
A^1	1	1	1
A^2	1	1	−1
A^3	2	−1	0

$D_4=\{e,C_4^2,(C_4^1,C_4^3),(C_2^{(1)},C_2^{(3)}),(C_2^{(2)},C_2^{(4)})\}$ 是正方形的对称操作群，它有 8 个群元和 5 个类。由 $S_1^2+S_2^2+S_3^2+S_4^2+S_5^2=8$ 可知，$S_1=S_2=S_3=S_4=1,S_5=2$。因此，D_4 有 4 个一维表示和一个二维表示。

D_4 群的详细情况如图 3.5.1 所示，其中正方形 $ABCD$ 在 xy 平面上。D_4 的 8 个群元如下：

e：恒定不动；$r(C_4^1)$：绕 z 轴转 $\dfrac{\pi}{2}$；$r^2(C_4^2)$：绕 z 轴转 π；$r^3(C_4^3)$：绕 z 轴

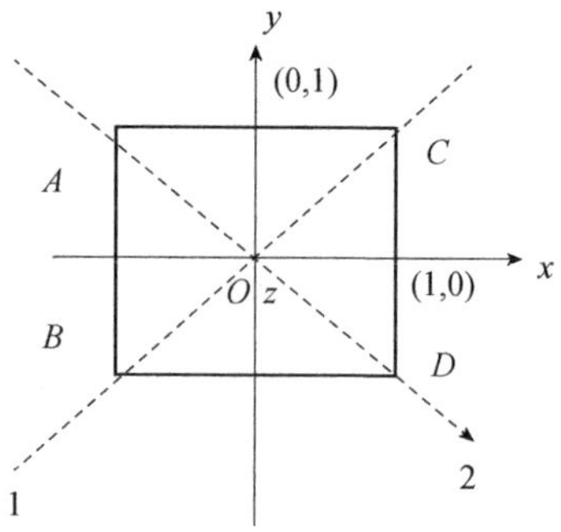

图 3.5.1

转 $\frac{3\pi}{2}$；$a(C_2^{(1)})$：绕 1 轴转 π；$b(C_2^{(3)})$：绕 2 轴转 π；$u(C_2^{(2)})$：绕 x 轴转 π；$v(C_2^{(4)})$：绕 y 轴转 π。

D_4 的不变子群有 $\{E,C_4,C_4^2,C_4^3\}$，$\{E,C_4^2,C_2^{(1)},C_2^{(3)}\}$，$\{E,C_4^2,C_2^{(2)},C_2^{(4)}\}$，每一个不变子群的商群都是二阶循环群。所以 D_4 有到二阶循环群上的三个不同的同态映射，即

$$\{E,C_4,C_4^2,C_4^3\}\to 1,\ \{C_2^{(1)},C_2^{(2)},C_2^{(3)},C_2^{(4)}\}\to -1,\ \{E,C_4^2,C_2^{(1)},C_2^{(3)}\}\to 1$$

$$\{C_4,C_4^3,C_2^{(2)},C_2^{(4)}\}\to -1,\ \{E,C_4^2,C_2^{(2)},C_2^{(4)}\}\to 1,\ \{C_4,C_4^3,C_2^{(1)},C_2^{(3)}\}\to -1$$

所以，D_4 的 4 个一维表示为 3 个一维非恒等表示和 1 个一维恒等表示。D_4 的特征标表为表 3.5.7 所示。

表 3.5.7　D_4 群的特征标表

D_4	e	C_4^2	(C_4^1,C_4^3)	$(C_2^{(1)},C_2^{(3)})$	$(C_2^{(2)},C_2^{(4)})$
A^1	1	1	1	1	1
A^2	1	1	1	−1	−1
A^3	1	1	−1	1	−1
A^4	1	1	−1	−1	1
A^5	2	−2	0	0	0

利用正方形的对称性，如图 3.5.1 所示，可以求得 D_4 的二维表示 A^5：

$$A^5(e)=\begin{bmatrix}1&0\\0&1\end{bmatrix},\quad A^5(C_4)=\begin{bmatrix}0&-1\\1&0\end{bmatrix},\quad A^5(C_4^2)=\begin{bmatrix}-1&0\\0&-1\end{bmatrix},\quad A^5(C_4^3)=\begin{bmatrix}0&1\\-1&0\end{bmatrix}$$

$$A^5(C_2^{(1)})=\begin{bmatrix}0&1\\1&0\end{bmatrix},\quad A^5(C_2^{(3)})=\begin{bmatrix}0&-1\\-1&0\end{bmatrix},\quad A^5(C_2^{(2)})=\begin{bmatrix}1&0\\0&-1\end{bmatrix},\quad A^5(C_2^{(4)})=\begin{bmatrix}-1&0\\0&1\end{bmatrix}$$

$$D_6=D_3\otimes C_2=\left\{e,(C_6^1,C_6^5),(C_6^2=C_3,C_6^4=C_3^2),C_6^3=C_2,3C_2',3C_2''\right\}$$

共 12 个群元和 6 个类。它有 4 个一维表示和 2 个二维表示，其特征标表为表 3.5.8 所示。A^5，A^6 可以根据表示的直积求出。

表 3.5.8　D_6 群的特征标表

D_6	e	(C_6^2,C_6^4)	C_2'	$C_6^3=C_2$	(C_6^1,C_6^5)	$3C_2''$
A^1	1	1	1	1	1	1
A^2	1	1	1	−1	−1	−1
A^3	1	1	−1	1	1	−1
A^4	1	1	−1	−1	−1	1
A^5	2	−1	0	2	−1	0
A^6	2	−1	0	−2	1	0

(3) 四面体群 T 和八面体群 O 的表示为

$$T=\left\{e,(C_2,C_2',C_2''),(C_3,C_3',C_3'',C_3'''),(C_3^2,C_3'^2,C_3''^3,C_3'''^2)\right\}$$

共 12 个群元和 4 个类，其中包括 3 个 C_2 轴和 4 个 C_3 轴产生的对称操作。T 群的不变子群 $\{e,C_2,C_2',C_2''\}$ 与 D_2 同构，记作 D_2。D_2 的陪集 D_2，C_3D_2，$C_3^2D_2$ 穷尽 T。商群 T/D_2 是三阶循环群。因此 T 群有 3 个一维表示和 1 个三维表示，其特征标如表 3.5.9 所示。

表 3.5.9　T 群的特征标表

T	e	$3C_2$	$4C_3^1$	$4C_3^2$
A^1	1	1	1	1
A^2	1	1	$e^{2\pi i/3}$	$e^{4\pi i/3}$
A^3	1	1	$e^{4\pi i/3}$	$e^{2\pi i/3}$
A^4	3	-1	0	0

在表示空间 R^3 中，如果取笛卡儿坐标系，使 x, y, z 沿二阶轴 C_2，C_2'，C_2'' (这里需要指出，正四面体内接于以原点为中心的立方体，立方体相对顶角连线为三阶轴)，那么在 R^3 中，基为 $(\boldsymbol{i},\boldsymbol{j},\boldsymbol{k})$ 时，T 群的表示矩阵为

$$A^4(C_2)=\begin{pmatrix}1&0&0\\0&-1&0\\0&0&-1\end{pmatrix},\quad A^4(C_2')=\begin{pmatrix}-1&0&0\\0&1&0\\0&0&-1\end{pmatrix},\quad A^4(C_2'')=\begin{pmatrix}-1&0&0\\0&-1&0\\0&0&1\end{pmatrix}$$

$$A^4(C_3)=\begin{pmatrix}0&0&1\\1&0&0\\0&1&0\end{pmatrix},\quad A^4(C_3^2)=\begin{pmatrix}0&1&0\\0&0&1\\-1&0&0\end{pmatrix},\quad A^4(C_3')=\begin{pmatrix}0&0&-1\\-1&0&0\\0&1&0\end{pmatrix}$$

$$A^4(C_3'')=\begin{pmatrix}0&0&1\\-1&0&0\\0&-1&0\end{pmatrix},\quad A^4(C_3''')=\begin{pmatrix}0&0&1\\1&0&0\\0&-1&0\end{pmatrix},\quad A^4(C_3'^2)=\begin{pmatrix}0&1&0\\0&0&-1\\-1&0&0\end{pmatrix}$$

$$A^4(C_3'''^2)=\begin{pmatrix}0&-1&0\\0&0&-1\\1&0&0\end{pmatrix},\quad A^4(C_3''^2)=\begin{pmatrix}0&-1&0\\0&0&1\\-1&0&0\end{pmatrix}$$

$$O=\{e,6C_2,4(C_3^1,C_3^2),3(C_4^1,C_4^3),3C_4^2\}$$

共 24 个群元和 5 个类。因此 O 群有 2 个一维表示、1 个二维表示和 2 个三维表示。需要指出的是，T 群是 O 群的不变子群。

以上讨论给出了求晶体点群不可约表示的方法，但是具体求表示还是相当复杂的。

习　　题

1. 证明：三维实正交变换群 $O(3)$ 满足 $O^{\mathrm{T}}=O^{-1}$。

2. 证明：沿等价轴转相同角度的元素属同一类。

3. 证明：至多存在两个高阶轴 C_n, C_m，其中 C_m 是绕 C_n 轴转 $\frac{2\pi}{n}j$ $(j=1, 2,\cdots,n)$ 产生的（共可以产生 n 个 C_m 轴）。

4. 已知群 $G=\{E,A,B,C\}$，其中 A,B,C 分别是绕 x,y,z 轴旋转 π 角的操作。求群 G 的三维表示。

5. 设三阶循环群 $Z_3=\{e,a,a^2\}$，取群代数 R_{Z_3} 中自然基 $e=\begin{pmatrix}1\\0\\0\end{pmatrix}$，$a=\begin{pmatrix}0\\1\\0\end{pmatrix}$，$a^2=\begin{pmatrix}0\\0\\1\end{pmatrix}$。求 Z_3 的左正则表示。

6. 已知点群 $C_{2v}=\{\hat{E},\hat{C}_2,\hat{\sigma},\hat{\sigma}'\}$，其中 $\hat{E}(x,y,z)=(x,y,z)$，$\hat{C}_2(x,y,z)=(-x,-y,z)$，$\hat{\sigma}(x,y,z)=(-x,y,z)$，$\hat{\sigma}'(x,y,z)=(x,-y,z)$。求 C_{2v} 在三维时空间上的表示。

7. 求 D_3 群的二维表示。

8. 求 D_3 群的左正则表示。

9. 求正方形对称群 D_4 的表示。

10. 在三维实空间中，如果取笛卡儿坐标系，使 x, y, z 沿二阶轴 C_2，C_2'，C_2''，求 T 群的表示矩阵。

11. 群 C_{6v} 是正六边形对称群，如右图所示。它有 12 个群元，6 个转动 $C_6^n=R\left(\frac{2n\pi}{6}\right)$ $(n=1, 2,\cdots,6)$ 6 个关于平面的反射 $\sigma^{(1)},\sigma^{(2)},\cdots,\sigma^{(6)}$。

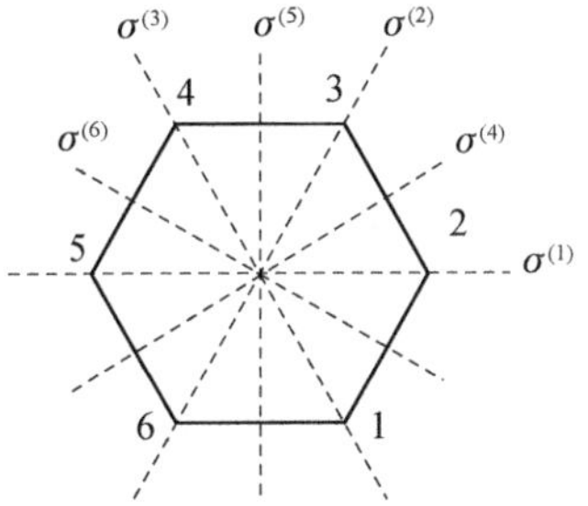

C_{6v} 有 6 个类算子：

$$C_1 = e, \quad C_2 = C_6^3, \quad C_3 = C_6^2 + C_6^4$$

$$C_4 = C_6^1 + C_6^5, \quad C_5 = \sigma^{(1)} + \sigma^{(2)} + \sigma^{(3)}, \quad C_6 = \sigma^{(4)} + \sigma^{(5)} + \sigma^{(6)}$$

求 C_{6v} 在类函数空间的表示。

12. 求晶体点群 D_4 的 C-G 系数。

第4章 转 动 群

李群是无限群的一类，是迄今为止研究最为清楚的无限群。李群在物理中有广泛应用。李代数反映李群在单位元邻域的性质，即李群的局域性质。常见的 $SO(3,R)$ 或 $SO(3)$ 群为三维特殊正交群，其群元 O 满足 $O^{\mathrm{T}}=O^{-1}$，$\det O=+1$。

$SO(3)$ 作为非阿贝尔群、连续群和有无限多群元的李群的典型，研究它有助于理解其他李群及李群表示。

4.1 用欧拉角表示的 SO(3)群元的一般形式

$SO(3)$ 的群元可以用 $C_k(\psi)$ （绕 $\boldsymbol{k}(\theta,\varphi)$ 转 $\varPsi$ 角，其中 $0\leqslant\theta\leqslant\pi, 0\leqslant\varphi\leqslant 2\pi$）表示，其中所有转相同角度 $\varPsi$ 的转动属同一类。

通常用欧拉角 α,β,γ 表示 $SO(3)$ 的群元，即 $R(\alpha,\beta,\gamma)$。事实上 $R(\alpha,\beta,\gamma)$ 是三个连续转动的乘积。$\boldsymbol{r}\xrightarrow{R(\alpha,\beta,\gamma)}\boldsymbol{r}'=R(\alpha,\beta,\gamma)\boldsymbol{r}$。$R(\alpha,\beta,\gamma)$ 对 $\boldsymbol{r}$ 的操作可以看作系统不动，对坐标系操作的逆。也就是说，$R(\alpha,\beta,\gamma)$ 是以下三个连续转动乘积的逆。

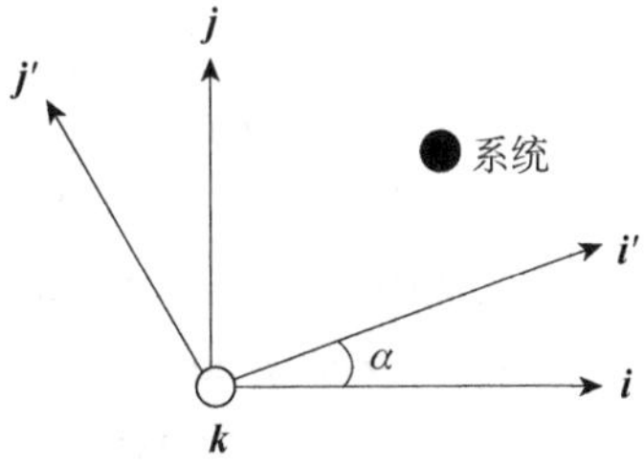

图 4.1.1

首先是坐标系沿 z 轴转 α 角度的操作 $C_k(\alpha)$，如图 4.1.1 所示，即

$$\begin{pmatrix}\boldsymbol{i}\\ \boldsymbol{j}\\ \boldsymbol{k}\end{pmatrix}\xrightarrow{C_z(\alpha)}\begin{pmatrix}\boldsymbol{i}'\\ \boldsymbol{j}'\\ \boldsymbol{k}'\end{pmatrix}=\begin{pmatrix}\cos\alpha & \sin\alpha & 0\\ -\sin\alpha & \cos\alpha & 0\\ 0 & 0 & 1\end{pmatrix}\begin{pmatrix}\boldsymbol{i}\\ \boldsymbol{j}\\ \boldsymbol{k}\end{pmatrix}$$

$$\begin{cases}\boldsymbol{i}'=\boldsymbol{i}\cos\alpha+\boldsymbol{j}\sin\alpha\\ \boldsymbol{j}'=-\boldsymbol{i}\sin\alpha+\boldsymbol{j}\cos\alpha\\ \boldsymbol{k}'=\boldsymbol{k}\end{cases}$$

其次是坐标系沿新的 y' 轴的转动 $C_{j'}(\beta)$，如图 4.1.2 所示，即

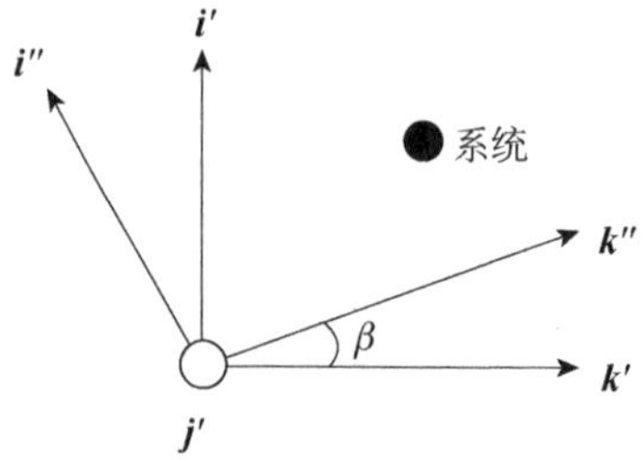

图 4.1.2

$$\begin{pmatrix} i' \\ j' \\ k' \end{pmatrix} \xrightarrow{C_{y'}(\beta)} \begin{pmatrix} i'' \\ j'' \\ k'' \end{pmatrix} = \begin{pmatrix} \cos\beta & 0 & -\sin\beta \\ 0 & 1 & 0 \\ \sin\beta & 0 & \cos\beta \end{pmatrix} \begin{pmatrix} i' \\ j' \\ k' \end{pmatrix}$$

$$\begin{cases} \boldsymbol{i}'' = \boldsymbol{i}'\cos\beta - \boldsymbol{k}'\sin\beta \\ \boldsymbol{j}'' = \boldsymbol{j}' \\ \boldsymbol{k}'' = \boldsymbol{i}'\sin\beta + \boldsymbol{k}'\cos\beta \end{cases}$$

最后是沿 z'' 轴转动 $C_{k''}(\gamma)$，如图 4.1.3 所示，即

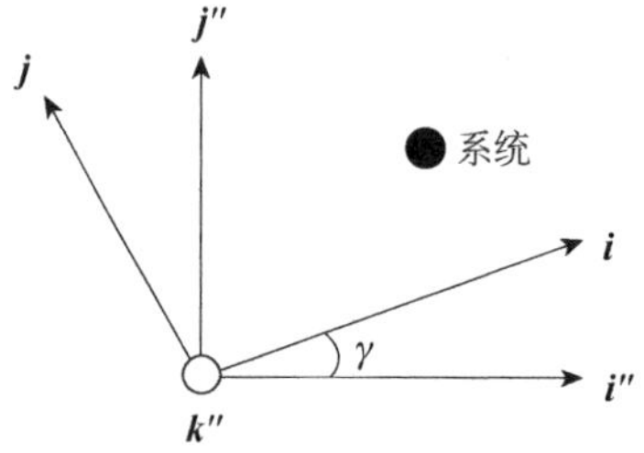

图 4.1.3

$$\begin{pmatrix} i'' \\ j'' \\ k'' \end{pmatrix} \xrightarrow{C_{z''}(\gamma)} \begin{pmatrix} I \\ J \\ K \end{pmatrix} = \begin{pmatrix} \cos\gamma & \sin\gamma & 0 \\ -\sin\gamma & \cos\gamma & 0 \\ 0 & 0 & 1 \end{pmatrix} \begin{pmatrix} i'' \\ j'' \\ k'' \end{pmatrix}$$

则

$$\begin{cases} \boldsymbol{I} = \boldsymbol{i}''\cos\gamma + \boldsymbol{j}''\sin\gamma \\ \boldsymbol{J} = -\boldsymbol{i}''\sin\gamma + \boldsymbol{j}''\cos\gamma \\ \boldsymbol{K} = \boldsymbol{k}'' \end{cases}$$

事实上坐标系没动，$\boldsymbol{r}$ 在变 (转动)，则

$$\begin{aligned} & R(\alpha,\beta,\gamma) \\ &= [C_{z''}(\gamma)C_{y'}(\beta)C_z(\alpha)]^{-1} \\ &= C_z(\alpha)^{-1}C_{y'}(\beta)^{-1}C_{z''}(\gamma)^{-1} \\ &= \begin{pmatrix} \cos\alpha & -\sin\alpha & 0 \\ \sin\alpha & \cos\alpha & 0 \\ 0 & 0 & 1 \end{pmatrix} \begin{pmatrix} \cos\beta & 0 & \sin\beta \\ 0 & 1 & 0 \\ -\sin\beta & 0 & \cos\beta \end{pmatrix} \begin{pmatrix} \cos\gamma & -\sin\gamma & 0 \\ \sin\gamma & \cos\gamma & 0 \\ 0 & 0 & 1 \end{pmatrix} \\ &= \begin{pmatrix} \cos\alpha\cos\beta\cos\gamma - \sin\alpha\sin\gamma & -\cos\alpha\cos\beta\sin\gamma - \sin\alpha\cos\gamma & \cos\alpha\sin\beta \\ \sin\alpha\cos\beta\cos\gamma + \cos\alpha\sin\gamma & -\sin\alpha\cos\beta\sin\gamma + \cos\alpha\cos\gamma & \sin\alpha\sin\beta \\ -\sin\beta\cos\gamma & \sin\beta\sin\gamma & \cos\beta \end{pmatrix} \end{aligned} \tag{4.1}$$

即是绕 $O\text{-}xyz$ 的三个轴转动之积，绕 z 轴转 $\alpha\times$绕 y 轴转 $\beta\times$绕 z 轴转 γ。这就是用欧拉角表示的 $SO(3)$ 群元的一般形式。

4.2 *SU*(2)群与 *SO*(3)群的同态关系

这里利用 $SU(2)$ 与 $SO(3)$ 的同态关系讨论 $SO(3)$ 的不可约表示等问题。首先讨论 $SU(2)$ 的性质。

4.2.1 *SU*(2)群

$SU(2)$ 群是定义在二维复平面上的二维特殊幺正群的符号表示，其群元 u 满足

$$u^{\dagger}=u^{-}, \quad 即\ u^{\dagger}u=uu^{\dagger}=E_{2\times 2}, \quad \det u=1 \tag{4.2}$$

它是二维幺正群 $U(2)$ 的子群。$SU(2)$ 群元的一般形式为

$$u=\begin{pmatrix} a & b \\ -b^{*} & a^{*} \end{pmatrix}, \quad aa^{*}+bb^{*}=1, \quad a,b\in C \tag{4.3}$$

这里需要指出的是，任何一个二阶零迹厄米矩阵 h 均可表示为三个泡利矩阵

$$\sigma_x=\begin{pmatrix} 0 & 1 \\ 1 & 0 \end{pmatrix}, \quad \sigma_y=\begin{pmatrix} 0 & -i \\ i & 0 \end{pmatrix}, \quad \sigma_z=\begin{pmatrix} 1 & 0 \\ 0 & -1 \end{pmatrix} \tag{4.4}$$

的线性叠加，即

$$h=\boldsymbol{r}\cdot\boldsymbol{\sigma}=x\sigma_x+y\sigma_y+z\sigma_z=\begin{pmatrix} z & x-iy \\ x+iy & -z \end{pmatrix}, \quad x,y,z\in R,\boldsymbol{r}\in R^3 \tag{4.5}$$

4.2.2 *SO*(3)群

首先，对任何 $u\in SU(2)$，总有 $R_u\in SO(3)$ 与之对应。审视任一个二阶零迹厄米矩阵在 $SU(2)$ 群元操作下的等价变换，即

$$h\xrightarrow{u}h'=uhu^{-1}=u(\boldsymbol{r}\cdot\boldsymbol{\sigma})u^{-1}=\boldsymbol{r}'\cdot\boldsymbol{\sigma}=\begin{pmatrix} z' & x'-iy' \\ x'+iy' & -z' \end{pmatrix}=R_u\boldsymbol{r}\cdot\boldsymbol{\sigma} \tag{4.6}$$

因此，

$$\boldsymbol{r}'=R_u\boldsymbol{r}=R_u\begin{pmatrix} x \\ y \\ z \end{pmatrix}$$

可以证明

$$R_u=\begin{pmatrix} \frac{1}{2}(a^2+a^{*2}-b^2-b^{*2}) & -\frac{i}{2}(a^2-a^{*2}+b^2-b^{*2}) & -(ab+a^{*}b^{*}) \\ \frac{i}{2}(a^2-a^{*2}-b^2+b^{*2}) & \frac{1}{2}(a^2+a^{*2}+b^2+b^{*2}) & i(a^{*}b^{*}-ab) \\ (a^{*}b+ab^{*}) & i(a^{*}b-ab^{*}) & aa^{*}-bb^{*} \end{pmatrix} \tag{4.7}$$

另外，因为

$$\begin{aligned} -\det[u(\boldsymbol{r}\cdot\boldsymbol{\sigma})u^{-1}] &= -\det(\boldsymbol{r}'\cdot\boldsymbol{\sigma})=|\boldsymbol{r}'|^2=x'^2+y'^2+z'^2 \\ &= -\det(\boldsymbol{r}\cdot\boldsymbol{\sigma})=|\boldsymbol{r}|^2=x^2+y^2+z^2 \end{aligned}$$

所以

$$|\boldsymbol{r}'|^2=|R_u\boldsymbol{r}|^2=|\boldsymbol{r}|^2 \tag{4.8}$$

即保持 R^3 中向量长度不变。因此, R_u 是 R^3 中实正交变换。

取 $a=1, b=0$ (即 U 为单位矩阵) 可以得出

$$\det R_u=+1 \tag{4.9}$$

又因为 a, b 连续, 因此,

$$\det R_u \neq -1 \tag{4.10}$$

所以, 只能是 $\det R_u=+1$ (实正交矩阵的行列式只能是 ± 1), 每一个二阶幺正矩阵 u 对应一个 R^3 中转动 R_u 。

其次, $\forall u,v\in SU(2)$, 有 R^3 中转动 R_u, R_v 与之对应, $R_u, R_v\in SO(3)$, $R_{uv}=R_uR_v$, $SU(2)$ 中 u, v 对应的元素为 R_{uv}。所以, 存在一个从 $SU(2)$ 群到 $SO(3)$ 群中的同态映射。

最后, 如果取 $a=e^{-i\alpha/2}, b=0$, 则

$$u_1(\alpha)=\begin{pmatrix} e^{-i\alpha/2} & 0 \\ 0 & e^{i\alpha/2}\end{pmatrix}\to R_{u_1}(\alpha)=\begin{pmatrix}\cos\alpha & -\sin\alpha & 0\\ \sin\alpha & \cos\alpha & 0\\ 0 & 0 & 1\end{pmatrix} \tag{4.11}$$

取 $a=\cos\beta/2, b=-\sin\beta/2$, 则

$$u_2(\beta)=\begin{pmatrix}\cos\beta/2 & -\sin\beta/2\\ \sin\beta/2 & \cos\beta/2\end{pmatrix}\to R_{u_2}(\beta)=\begin{pmatrix}\cos\beta & 0 & \sin\beta\\ 0 & 1 & 0\\ -\sin\beta & 0 & \cos\beta\end{pmatrix} \tag{4.12}$$

取 $a=e^{-i\gamma/2}, b=0$, 则

$$u_1(\gamma)=\begin{pmatrix} e^{-i\gamma/2} & 0 \\ 0 & e^{i\gamma/2}\end{pmatrix}\to R_{u_1}(\gamma)=\begin{pmatrix}\cos\gamma & -\sin\gamma & 0\\ \sin\gamma & \cos\gamma & 0\\ 0 & 0 & 1\end{pmatrix} \tag{4.13}$$

$$\begin{aligned} u_1(\alpha)u_2(\beta)u_1(\gamma) &= \begin{pmatrix} e^{-i\alpha/2} & 0 \\ 0 & e^{i\alpha/2}\end{pmatrix}\begin{pmatrix}\cos\beta/2 & -\sin\beta/2\\ \sin\beta/2 & \cos\beta/2\end{pmatrix}\begin{pmatrix} e^{-i\gamma/2} & 0 \\ 0 & e^{i\gamma/2}\end{pmatrix} \\ &= \begin{pmatrix}\cos\beta/2e^{-i(\alpha+\gamma)/2} & -\sin\beta/2e^{-i(\alpha-\gamma)/2}\\ \sin\beta/2e^{-i(\alpha-\gamma)/2} & \cos\beta/2e^{-i(\alpha+\gamma)/2}\end{pmatrix}\in SU(2) \\ &\Rightarrow R_{u_1}(\alpha)R_{u_2}(\beta)R_{u_1}(\gamma)\to R(\alpha,\beta,\gamma)\end{aligned}$$

因为 R^3 中转动群元都可用 $R(\alpha,\beta,\gamma)$ 给出, 所以 $SU(2)$ 到 $SO(3)$ 的映射是满射。

对应 $SO(3)$ 中单位元素 $E_{3\times 3}$ 的 $SU(2)$ 元素集合 $\{u_0\}$, 是 $SU(2)$ 的同态核。

把 $u_0=\begin{pmatrix} a_0 & b_0 \\ -b_0^* & a_0^* \end{pmatrix}$ 代入 $E_{3\times3}=\begin{pmatrix} 1 & 0 & 0 \\ 0 & 1 & 0 \\ 0 & 0 & 1 \end{pmatrix}$，可得出 $a_0=\pm1, b_0=0$，即

$$u_0=\begin{pmatrix} 1 & 0 \\ 0 & 1 \end{pmatrix}, \quad u_0'=\begin{pmatrix} -1 & 0 \\ 0 & -1 \end{pmatrix} \tag{4.14}$$

因为 $\{E_{2\times2},-E_{2\times2}\}$ 是同态核，根据同态核定理，$\{E_{2\times2},-E_{2\times2}\}$ 是 $SU(2)$ 的不变子群，商群 $SU(2)/\{E_{2\times2},-E_{2\times2}\}\cong SO(3)$。同态核的任意陪集 $\{u,-u\}$ 对应 $SO(3)$ 的同一转动元素 R_u。

总之，已知 $SU(2)$ 群的元素 u，则可求出 R_u，已知 $SO(3)$ 群元 $R(\alpha,\beta,\gamma)$，则 $SU(2)$ 与之对应的元素可知，$u, -u$ 对应同一转动 R_u。

4.3　SU(2)群和 SO(3)群的不可约表示

4.3.1　SU(2)群的不可约表示

由定义知，$SU(2)$ 群元 $u=\begin{pmatrix} a & b \\ -b^* & a^* \end{pmatrix}$，其中 $aa^*+bb^*=1$，本身是一个二维表示，即忠实表示。表示空间是二维复向量空间 V，其中任何矢量 $\begin{pmatrix} x_1 \\ x_2 \end{pmatrix}$ 在 u 作用后仍是 V 中矢量。

为了寻求 $SU(2)$ 和 $SO(3)$ 统一的群表示形式，我们取 x_1, x_2 的 $2j$ 次齐次函数

$$\eta_\mu=\frac{x_1^{j+\mu}x_2^{j-\mu}}{\sqrt{(j+\mu)!(j-\mu)!}}, \quad j=0,\frac{1}{2},1,\frac{3}{2},\cdots,\mu=j,j-1,\cdots,-j \tag{4.15}$$

这里，

$$\begin{pmatrix} x_1 \\ x_2 \end{pmatrix}\xrightarrow{u}\begin{pmatrix} x_1' \\ x_2' \end{pmatrix}, \quad \eta_\mu\to\eta_\mu'$$

因此，

$$\eta_\mu'=\frac{x_1'^{j+\mu}x_2'^{j-\mu}}{\sqrt{(j+\mu)!(j-\mu)!}}=\frac{(ax_1+bx_2)^{j+\mu}(a^*x_2-b^*x_1)^{j-\mu}}{\sqrt{(j+\mu)!(j-\mu)!}}$$

由二项式定理 $(a+b)^n=\mathrm{C}_n^0a^n+\mathrm{C}_n^1a^{n-1}b+\cdots+\mathrm{C}_n^na^0b^n$，可知

$$\eta'_{\mu}=\sum_{k=0}^{j+\mu}\sum_{k'=0}^{j-\mu}\frac{(-1)^{j-u-k'}\sqrt{(j+\mu)!(j-\mu)!}}{k!k'!(j+\mu-k)!(j-\mu-k')}\times a^{j+\mu-k}a^{*k'}b^{k}b^{*j-\mu-k'}x_1^{2j-k-k'}x_2^{k+k'} \tag{4.16}$$

这里，对k,k'的求和可以看成是对所有从$-\infty$到$+\infty$的整数求和。

令$\nu=j-k-k'$代k'，当j是整数时，ν的求和范围可看成是从$-\infty$到$+\infty$的全部整数；当j是半整数时，ν的求和范围是从$-\infty$到$+\infty$的全部半整数。所以

$$\begin{aligned}\eta'_{\mu}&=\sum_{\nu}\sum_{k}\frac{(-1)^{k+\nu-\mu}\sqrt{(j+\mu)!(j-\mu)!}}{k!(j-\nu-k)!(j+\mu-k)!(k+\nu-\mu)!}\times a^{j+\mu-k}a^{*j-\nu-k}b^{k}b^{*k+\nu-\mu}x_1^{j+\nu}x_2^{j-\nu}\\&=\sum_{\nu}\sum_{k}\frac{(-1)^{k+\nu-\mu}\sqrt{(j+\mu)!(j-\mu)!(j+\nu)!(j-\nu)!}}{k!(j-\nu-k)!(j+\mu-k)!(k+\nu-\mu)!}\times a^{j+\mu-k}a^{*j-\nu-k}b^{k}b^{*k+\nu-\mu}\eta_{\nu}\end{aligned} \tag{4.17}$$

可以看出，η'_{μ}线性依赖η_{ν}。

取$\eta_j,\eta_{j-1},\cdots,\eta_{-j+1},\eta_{-j}$为表示空间的向量，线性变换$\{A(u)\}$将$\eta_{\mu}$转变为$\eta'_{\mu}$，即

$$A^j(u)\eta_{\mu}=\eta'_{\nu}=\sum_{\nu}A^j_{\mu\nu}(u)\eta_{\nu} \tag{4.18}$$

易证$A^j(uv)=A^j(u)A^j(v)$，所以$\{A^j(u)\}$是$SU(2)$的一个表示，其表示矩阵元为

$$A^j_{\mu\nu}(u)=\sum_{k}\frac{(-1)^{k+\nu-\mu}\sqrt{(j+\mu)!(j-\mu)!(j+\nu)!(j-\nu)!}}{k!(j-\nu-k)!(j+\mu-k)!(k-\mu+\nu)!}\times a^{j+\mu-k}a^{*j-k-\nu}b^{k}b^{*k-\mu+\nu} \tag{4.19}$$

其中$k\geqslant 0,k\geqslant\mu-\nu,k\leqslant j-\nu,k\leqslant j+\mu$。

能够证明：$\{A^j(u)\}$是酉表示且是不可约的。$\{u_1(\alpha)\}$类的特征标为

$$\chi^j(u_1(\alpha))=\sum_{\mu=-f}^{j}e^{-i\mu\alpha} \tag{4.20}$$

下面看几个具体例子。

(1) 当$j=0$时，表示空间是一维，$\eta_0=1,A^0(u)=1$，即一维恒等表示。

(2) 当$j=1/2$时，表示空间的向量为$\eta_{\pm1/2}$，其中$\eta_{1/2}=x_1,\eta_{-1/2}=x_2$，表示为

$$A^{\frac{1}{2}}(u)=\begin{pmatrix}a & b\\ -b^* & a^3\end{pmatrix}$$

(3) 当$j=1$时，表示空间的向量为$\eta_1=x_1^2/\sqrt{2},\eta_0=x_1x_2,\eta_{-1}=x_2^2/\sqrt{2}$，表示为

$$A^1(u)=\begin{pmatrix}a^2 & \sqrt{2}ab & b^2\\ -\sqrt{2}ab^* & a^*a-b^*b & \sqrt{2}a^*b\\ b^{*2} & -\sqrt{2}a^*b^* & a^{*2}\end{pmatrix}$$

另外，当j为整数时，$A^j(u)=A^j(-u)$称为$SU(2)$的偶表示；当j为半整数时，$A^j(u)=-A^j(-u)$称为$SU(2)$的奇表示。严格讲，奇表示不是表示，因为不满足群乘法不变。

4.3.2 SO(3)群的不可约表示

从$SO(3)$群的任一表示$D(R_u)$，可以得到$SU(2)$的一个表示$A(u)=D(R_u)$，即$\forall u,v\in SU(2)$，有

$$A(u)A(v)=D(R_u)D(R_v)=D(R_uR_v)=D(R_{uv})=A(uv)$$

反过来，$SU(2)$群的一个表示，不一定是$SO(3)$群的表示。

当$j=0,1,2,\cdots$时，$A^j(u)=A^j(-u)$。如取$D^j(R_u)=A^j(\pm u)$，则$\{D^j(R_u)\}$是$SO(3)$的一个表示，称为$SO(3)$的一个单值表示。因为$\forall u,v\in SU(2)$，有$R_u,R_v\in SO(3)$，且

$$D^j(R_u)D^j(R_v)=A^j(\pm u)A^j(\pm v)=A^j(\pm uv)=D^j(R_{uv})D^j(R_uR_v)$$

所以$\{D^j(R_u)\}$是$SO(3)$的一个表示。

当$j=\frac{1}{2},\frac{3}{2},\cdots$时，

$$A^j(u)=-A^j(-u),\quad D^j(R_u)=\pm A^j(u)=A^j(\pm u)$$

因为是反对称矩阵，不能保持群乘法不变，即

$$D^j(R_u)D^j(R_v)=A^j(\pm u)A^j(\pm v)=\pm A^j(uv)=\pm D^j(R_uR_v)$$

所以不是表示。这种情况下，双值矩阵$\{D^j(R_u)\}$不是$SO(3)$的一个表示。如果推广定义双值表示，使群元与矩阵的对应可以相关一正负号，且该对应与群的乘法规律可以相差一正负号，则$\{D^j(R_u)\}$是$SO(3)$的一个双值表示。

取u中的$a=e^{-i\alpha/2}\cos\beta/2\,e^{-ir/2}$，$b=-e^{-i\alpha/2}\cos\beta/2\,e^{ir/2}$，代入$SU(2)$表示矩阵元$A^j_{\mu\nu}(u)$，可得$SO(3)$群的不可约表示$\{D^j(\alpha,\beta,\gamma)\}$：

$$D^j_{m'm}(\alpha,\beta,\gamma)=\sum_k\frac{(-1)^k\sqrt{(j+m')!(j-m')!(j+m)!(j-m)!}}{k!(j-m-k)!(j+m'-k)!(k-m'+m)!}$$
$$\times e^{-im'\alpha}\left(\cos\frac{\beta}{2}\right)^{2j-m+m'-2k}\left(\sin\frac{\beta}{2}\right)^{2k-m'+m}e^{-im\gamma}\tag{4.21}$$

其中，j可以是整数，也可以是半整数；$m',m=j,j-1,\cdots,-j+1,-j$；$k$满足

$$k\geqslant 0,\quad k\geqslant m'-m,\quad k\leqslant j-m,\quad k\leqslant j+m'$$

当$m'=\pm j$时，

$$D_{jm}^{j}(\alpha,\beta,\gamma)=(-1)^{j-m}\sqrt{\frac{(2j)!}{(j+m)!(j-m)!}}\times e^{-ij\alpha}\left(\cos\frac{\beta}{2}\right)^{j+m}\left(\sin\frac{\beta}{2}\right)^{j-m}e^{-im\gamma}$$

$$D_{-jm}^{j}(\alpha,\beta,\gamma)=(-1)^{j-m}\sqrt{\frac{(2j)!}{(j+m)!(j-m)!}}\times e^{ij\alpha}\left(\cos\frac{\beta}{2}\right)^{j-m}\left(\sin\frac{\beta}{2}\right)^{j+m}e^{-im\gamma}$$

例如，当 $j=0$ 时，$D^{0}(\alpha,\beta,\gamma)=1$ 是 $SO(3)$ 的一维恒等表示。当 $j=\frac{1}{2}$ 时，

$$D^{\frac{1}{2}}(\alpha,\beta,\gamma)=\begin{pmatrix} e^{-i\alpha/2}\cos\frac{\beta}{2}e^{-i\gamma/2} & -e^{-i\alpha/2}\sin\frac{\beta}{2}e^{i\gamma/2} \\ e^{i\alpha/2}\sin\frac{\beta}{2}e^{-i\gamma/2} & e^{i\alpha/2}\cos\frac{\beta}{2}e^{i\gamma/2} \end{pmatrix}$$

是 $SO(3)$ 的二维双值表示。当 $j=1$ 时，

$$D^{1}(\alpha,\beta,\gamma)=\begin{pmatrix} e^{-i\alpha}\frac{1+\cos\beta}{2}e^{-i\gamma} & e^{-i\alpha}\frac{\sin\beta}{\sqrt{2}} & e^{-i\alpha}\frac{1-\cos\beta}{2}e^{i\gamma} \\ \frac{\sin\beta}{\sqrt{2}}e^{-i\gamma} & \cos\beta & -\frac{\sin\beta}{\sqrt{2}}e^{i\gamma} \\ e^{i\alpha}\frac{1-\cos\beta}{2}e^{-i\gamma} & e^{i\alpha}\frac{\sin\beta}{\sqrt{2}} & e^{i\alpha}\frac{1+\cos\beta}{2}e^{i\gamma} \end{pmatrix}$$

是 $SO(3)$ 的三维表示。

因为 $SO(3)$ 群的类由所有具有相同转角 ψ 的元素构成，所以可用 $C_k(\psi)$ 标记 $SO(3)$ 群的类 $\{C_k(\psi)\}$，而 $\{C_k(\psi)\}$ 类在不可约表示 D^j 的特征标为

$$\chi^{j}(\psi)=\sum_{m=-j}^{j}D_{mm}^{j}(\psi,0,0)=\sum_{m=-j}^{j}e^{-im\psi} \tag{4.22}$$

当 $j=0,1,2,\cdots$(整数) 时，

$$\chi^{j}(\psi)=1+2\cos\psi+2\cos2\psi+\cdots+2\cos j\psi$$

这里，当 $0\leqslant\psi\leqslant\pi$ 时，数集 $\{1,\cos\psi,\cos2\psi,\cdots,\cos j\psi,\cdots\}$ 是完备的。因此，当 j 取所有非负整数时，$D^{j}(\alpha,\beta,\gamma)$ 包含了 $SO(3)$ 群的全部不等价不可约酉表示。j 为半整数时的双值表示，不是严格的表示。

可以证明，$SO(3)$ 群的不可约酉表示 D^j，满足正交定理

$$\frac{1}{8\pi^{2}}\int_{0}^{2\pi}da\int_{0}^{\pi}\sin\beta d\beta\int_{0}^{2\pi}D_{m_1'm_1}^{j_1^*}(\alpha,\beta,\gamma)D_{m_2'm_2}^{j_2}(\alpha,\beta,\gamma)dr=\delta_{j_1j_2}\delta_{m_1'm_2'}\delta_{m_1m_2}\frac{1}{2j_1+1} \tag{4.23}$$

D^j 的特征标，也满足正交性：

$$\frac{1}{\pi}\int_{0}^{\pi}\chi^{j_1^*}(\psi)\chi^{j_2}(\psi)(1-\cos\psi)d\psi=\delta_{j_1j_2} \tag{4.24}$$

4.4 su(2)代数与 so(3)代数的同构关系

4.4.1 su(2)代数

由 (4.3) 知，$SU(2)$ 群元 u 的一般形式为

$$u=\begin{pmatrix} a & b \\ -b^* & a^* \end{pmatrix},\quad aa^*+bb^*=1,\quad a,b\in C$$

考虑与 E 无限接近的 $SU(2)$ 的群元，设 M 是无穷小的二阶复矩阵 (即 M 的每一矩阵元都是无穷小复数)，则与 E 无限接近的 $SU(2)$ 的群元可写为 $(E-iM)$。

由 $(E-iM)^\dagger(E-iM)=E$，得 $M=M^\dagger$，即 M 为厄米矩阵。二阶厄米矩阵只有 4 个独立，取 E 和三个泡利矩阵

$$\sigma_x=\begin{pmatrix} 0 & 1 \\ 1 & 0 \end{pmatrix},\quad \sigma_y=\begin{pmatrix} 0 & -i \\ i & 0 \end{pmatrix},\quad \sigma_z=\begin{pmatrix} 1 & 0 \\ 0 & -1 \end{pmatrix}$$

则

$$M=\delta_0 E+\boldsymbol{\delta}\cdot\boldsymbol{\sigma}=\begin{pmatrix} \delta_0+\delta_z & \delta_x-i\delta_y \\ \delta_x+i\delta_y & \delta_0-\delta_z \end{pmatrix} \tag{4.25}$$

其中 $\boldsymbol{\delta}=(\delta_x,\delta_y,\delta_z)$ 是无穷小向量。

由 $\det(E-iM)=1$ 可得 $\delta_0=0$，所以

$$M=\begin{pmatrix} \delta_z & \delta_x-i\delta_y \\ \delta_x+i\delta_y & -\delta_z \end{pmatrix}=\delta_x\sigma_x+\delta_y\sigma_y+\delta_z\sigma_z \tag{4.26}$$

即 M 是由迹为零的厄米矩阵生成，而 $\sigma_x,\sigma_y,\sigma_z$ 是 $SU(2)$ 群的无穷小生成元。$SU(2)$ 群中任一与单位元无限接近的元素均可用三个实参数 $\delta_x,\delta_y,\delta_z$ 由无穷小生成元生成，即 $E-i(\delta_x\sigma_x+\delta_y\sigma_y+\delta_z\sigma_z)$。$\sigma_x,\sigma_y,\sigma_z$ 满足对易关系

$$\begin{aligned} &[\sigma_x\quad \sigma_y]=2i\sigma_z \\ &[\sigma_y\quad \sigma_z]=2i\sigma_x \\ &[\sigma_z\quad \sigma_x]=2i\sigma_y \end{aligned} \tag{4.27}$$

这里，$\sigma_x,\sigma_y,\sigma_z$ 以及满足的对应关系，就构成李代数 $su(2)$。

$su(2)$ 中的任一元素 X 可写为

$$X=x\sigma_x+y\sigma_y+z\sigma_z=\boldsymbol{r}\cdot\boldsymbol{\sigma},\quad x,y,z\in R \tag{4.28}$$

且 $su(2)$ 的任何元素 X, Y 的对易关系仍在 $su(2)$ 中。

由上可知，$SU(2)$ 群在单位元 E 附近的元素 $E-i\boldsymbol{\delta}\cdot\boldsymbol{\sigma}$ 与李代数 $su(2)$ 的元素

$\boldsymbol{\delta}\cdot\boldsymbol{\sigma}$ 一一对应。

考虑无穷小变换的积

$$\lim_{n\to\infty}\left(E-i\frac{M}{n}\right)^n=e^{-ir\sigma}=\begin{pmatrix}\cos r-i\frac{z}{r}\sin r & -i\frac{x}{r}\sin r-\frac{y}{r}\sin r\\ -i\frac{x}{r}\sin r+\frac{y}{r}\sin r & \cos r-i\frac{z}{r}\sin r\end{pmatrix}\tag{4.29}$$

可见，$SU(2)$ 群的元素，可以从 $su(2)$ 李代数的元素 $\boldsymbol{r}\cdot\boldsymbol{\sigma}$ 经指数 $e^{(-ir\sigma)}$ 得到。在上式的计算中，用到了

$$\begin{pmatrix}z & x-iy\\ x+iy & -z\end{pmatrix}^{2n}=r^{2n},\quad \begin{pmatrix}z & x-iy\\ x+iy & -z\end{pmatrix}^{2n+1}=r^{2n+1}\begin{pmatrix}\frac{z}{r} & \frac{x-iy}{r}\\ \frac{x+iy}{r} & \frac{-z}{r}\end{pmatrix}$$

4.4.2 so(3)代数

我们已经知道，$SO(3)$ 群的元素由 $O^{\mathrm{T}}O=E,\det O=1$ 的三阶实正交矩阵给出。考虑与 E 无限接近的 $SO(3)$ 的群元。设 M 是无穷小的三阶实矩阵（即 M 的每个矩阵元都是无穷小的实数），则与 E 无限接近的 $SO(3)$ 群元可以写成 $E+M$。

由正交条件可以得出 $M^{\mathrm{T}}=-M$，即 M 是反对称的。三维实空间独立的反对称矩阵可以取 I_x,I_y,I_z：

$$I_x=\begin{pmatrix}0&0&0\\0&0&-1\\0&1&0\end{pmatrix},\quad I_y=\begin{pmatrix}0&0&1\\0&0&0\\-1&0&0\end{pmatrix},\quad I_x=\begin{pmatrix}0&-1&0\\1&0&0\\0&0&0\end{pmatrix}$$

则

$$M=\delta\psi\boldsymbol{I}=\begin{pmatrix}0&-\delta\psi_z&\delta\psi_y\\ \delta\psi_z&0&-\delta\psi_x\\ -\delta\psi_y&\delta\psi_x&0\end{pmatrix}\tag{4.30}$$

这里，$\delta\psi=(\delta\psi_x,\delta\psi_y,\delta\psi_z)$，$\boldsymbol{I}=(I_x,I_y,I_z)$。$I_x,I_y,I_z$ 称为 $SO(3)$ 群的无穷小生成元。

$SO(3)$ 群中任一与单位元无限接近的元素，均可用三个实参数 $\delta\psi_x,\delta\psi_y,\delta\psi_z$ 由无穷小生成元生成，即 $E+\delta\psi_x I_x+\delta\psi_y I_y,\delta\psi_z I_z$。

物理上常习惯将 I 改为 $\boldsymbol{J}=(J_x,J_y,J_z)$，其中

$$J_x=\begin{pmatrix}0&0&0\\0&0&-i\\0&i&0\end{pmatrix}=iI_x,\quad J_y=\begin{pmatrix}0&0&i\\0&0&0\\-i&0&0\end{pmatrix}=iI_y,\quad J_z=\begin{pmatrix}0&-i&0\\i&0&0\\0&0&0\end{pmatrix}=iI_z \tag{4.31}$$

取

$$\boldsymbol{\delta\psi}=\delta\psi\boldsymbol{n},\quad \boldsymbol{n}=(n_x,n_y,n_z)$$

$$n_x=\sin\theta\cos\varphi,\quad n_y=\sin\theta\sin\varphi,\quad n_z=\cos\theta$$

θ,φ 为方位角，则 $SO(3)$ 群中与单位元无限接近的元素可写为 $E-i\delta\psi\boldsymbol{n}\cdot\boldsymbol{J}$ 。$\boldsymbol{J}$ 满足封闭的对易关系：

$$[J_x,J_y]=iJ_z,\quad [J_y,J_z]=iJ_x,\quad [J_z,J_x]=iJ_y \tag{4.32}$$

$\boldsymbol{J}$ 以及它们满足的对易关系，构成李代数 $so(3)$ 。

$so(3)$ 中任一元素 X 可写为

$$X=-i\psi\boldsymbol{nJ}=\begin{pmatrix}0&-\psi n_z&\psi n_y\\\psi n_z&0&-\psi n_x\\-\psi n_y&\psi n_x&0\end{pmatrix} \tag{4.33}$$

可证明李代数 $so(3)$ 中的任两个元素 X, Y 的对易关系仍在 $so(3)$ 中。

$SO(3)$ 群在单位元附近的元素 $E-i\delta\psi\boldsymbol{n}\cdot\boldsymbol{J}$ 与李代数 $so(3)$ 的元素 $i\delta\psi\boldsymbol{n}\cdot\boldsymbol{J}$ 一一对应。

从李代数 $so(3)$ 的任意元素 X 出发，经无穷多次无穷小转动的乘积

$$\begin{aligned}&\lim_{m\to\infty}\left(E-i\frac{\psi}{m}\boldsymbol{n}\cdot\boldsymbol{J}\right)^m=\exp(-i\psi\boldsymbol{n}\cdot\boldsymbol{J})\\&=\begin{pmatrix}n_x^2(1-\cos\psi)+\cos\psi & n_xn_y(1-\cos\psi)-n_z\sin\psi & n_xn_z(1-\cos\psi)+n_y\sin\psi\\ n_xn_y(1-\cos\psi)+n_z\sin\psi & n_y^2(1-\cos\psi)+\cos\psi & n_yn_z(1-\cos\psi)-n_x\sin\psi\\ n_xn_z(1-\cos\psi)-n_y\sin\psi & n_yn_z(1-\cos\psi)+n_x\sin\psi & n_z^2(1-\cos\psi)+\cos\psi\end{pmatrix}\\&=C_n(\psi)\end{aligned} \tag{4.34}$$

就得到了 $SO(3)$ 群。这里用到了

$$(-i\boldsymbol{n}\cdot\boldsymbol{j})^{2m+1}=(-1)^m\begin{pmatrix}0&-n_z&n_y\\n_z&0&-n_x\\-n_y&n_x&0\end{pmatrix}$$

$$(-i\boldsymbol{n}\cdot\boldsymbol{j})^{2m}=(-1)^m\begin{pmatrix}1-n_x^2&-n_xn_y&-n_xn_z\\-n_xn_y&1-n_y^2&-n_yn_z\\-n_xn_z&-n_yn_z&1-n_z^2\end{pmatrix}$$

$SO(3)$ 群的任意元素 $C_n(\psi)$，可以从李代数 $so(3)$ 的元素 $i\delta\psi \boldsymbol{n}\cdot\boldsymbol{J}$ 经指数映射得到，即 $C_n(\psi)=\exp(-i\delta\psi\boldsymbol{n}\cdot\boldsymbol{J})$。

若将 $\boldsymbol{\sigma}$ 改为 $\boldsymbol{J}$，取 $\boldsymbol{J}=\dfrac{\boldsymbol{\sigma}}{2}$，则 $\boldsymbol{J}$ 满足的对易关系与 $so(3)$ 一样，故李代数 $su(2)$ 与 $so(3)$ 同构。

李群在单位元邻域的元素与李代数的元素有一一对应关系，故李群 $SU(2)$ 与 $SO(3)$ 在单位元邻域内也有一一对应关系，称为局部同构。局部同构只反映李群在单位元附近的性质，但作为整个群，$SU(2)$ 与 $SO(3)$ 是 2 对 1 的同态。

李代数 $so(3)$ 的生成元 J_x, J_y, J_z 常写成球张量形式：

$$J_{\pm1}=\mp\frac{1}{\sqrt{2}}(J_x\pm iJ_y),\quad J_0=J_z$$

$$[J_0,J_{\pm1}]=\pm J_{\pm1},\quad [J_{+1},J_{-1}]=-J_0$$

J 的二次项 J^2 为

$$J^2=J_x^2+J_y^2+J_z^2=-J_{+1}J_{-1}-J_{-1}J_{+1}+J_0^2$$

J^2 与 $so(3)$ 的生成元对易：

$$[J^2,J_x]=[J^2,J_y]=[J^2,J_z]=0$$

J^2 称为 $o(3)$ 的二阶卡西米尔算子，

$$[J^2,\exp(-i\psi\boldsymbol{nJ})]=0$$

用欧拉角表示的 $SO(3)$ 群元：

$$R(\alpha,\beta,\gamma)=e^{-i\alpha J_z}e^{-i\beta J_y}e^{-i\gamma J_z}$$

4.5 SO(3)群表示矩阵元的性质

(1) $D^j_{m'm}(\alpha,\beta,\gamma)$ 是在 J^2 和 J_z 共同本征矢 $|jm\rangle$ 上的表示矩阵元：

$$D^j_{m'm}(\alpha,\beta,\gamma)=\langle jm'|R(\alpha,\beta,\gamma)|jm\rangle \tag{4.35}$$

证明 当 $j=\dfrac{1}{2}$ 时，设

$$x_1=\eta_{1/2}=\begin{pmatrix}1\\0\end{pmatrix},\quad x_2=\eta_{-1/2}=\begin{pmatrix}0\\1\end{pmatrix}$$

由

$$[J_x,J_y]=iJ_z,\quad [J_y,J_z]=iJ_x,\quad [J_z,J_x]=iJ_y$$

可得 $\boldsymbol{J}=\frac{1}{2}\boldsymbol{\sigma}$，则

$$J_0=\frac{1}{2}\begin{pmatrix}1&0\\0&-1\end{pmatrix},\quad J_{+1}=-\frac{1}{\sqrt{2}}\begin{pmatrix}0&1\\0&1\end{pmatrix},\quad J_{-1}=\frac{1}{\sqrt{2}}\begin{pmatrix}0&0\\1&0\end{pmatrix}$$

可见，x_1,x_2 分别是 J^2,J_0 的共同本征矢 $\left|\frac{1}{2}\ \ \frac{1}{2}\right\rangle,\left|\frac{1}{2}\ \ -\frac{1}{2}\right\rangle$。

取 $SO(3)$ 群表示空间的基：

$$\eta_m=\frac{x_1^{j+m}x_2^{j-m}}{\sqrt{(j+m)!(j-m)!}}$$

它是 J^2,J_0 的共同本征函数，即

$$J^2\left|\eta_m\right\rangle=j(j+1)\eta_m$$
$$J_0\left|\eta_m\right\rangle=m\left|\eta_m\right\rangle$$

因此，$\eta_m=\left|jm\right\rangle$。所以

$$D^j_{m'm}(\alpha,\beta,\gamma)=\left\langle jm'\right|R(\alpha,\beta,\gamma)\left|jm\right\rangle$$

(2) $D^j_{m'm}(\alpha,\beta,\gamma)$ 满足微分方程

$$i\frac{\partial}{\partial\alpha}D^j_{m'm}(\alpha,\beta,\gamma)=m'D^j_{m'm}(\alpha,\beta,\gamma) \tag{4.36}$$

$$i\frac{\partial}{\partial\gamma}D^j_{m'm}(\alpha,\beta,\gamma)=mD^j_{m'm}(\alpha,\beta,\gamma) \tag{4.37}$$

$$\left[-\frac{\partial^2}{\partial\beta^2}+\cot\beta\frac{\partial}{\partial\beta}+\frac{1}{\sin^2\beta}\left(\frac{\partial^2}{\partial\alpha^2}+\frac{\partial^2}{\partial\gamma^2}-2\cos\beta\frac{\partial^2}{\partial\alpha\partial\gamma}\right)\right]D^j_{m'm}(\alpha,\beta,\gamma)$$
$$=j(j+1)D^j_{m'm}(\alpha,\beta,\gamma) \tag{4.38}$$

(4.36) 和 (4.37) 的证明比较简单，只需要把 $SO(3)$ 群的不可约表示矩阵元的表达式 (4.21) 代入方程左边即可得证。最后一式的证明如下：因为

$$R(\alpha,\beta,\gamma)=e^{-i\alpha J_z}e^{-i\beta J_y}e^{-i\gamma J_z}$$
$$D^j_{m'm}(\alpha,\beta,\gamma)=\left\langle jm'\right|R(\alpha,\beta,\gamma)\left|jm\right\rangle$$
$$J^2\left|jm\right\rangle=j(j+1)\left|jm\right\rangle$$

所以

$$\left[-\frac{\partial^2}{\partial\beta^2}+\cot\beta\frac{\partial}{\partial\beta}+\frac{1}{\sin^2\beta}\left(\frac{\partial^2}{\partial\alpha^2}+\frac{\partial^2}{\partial\gamma^2}-2\cos\beta\frac{\partial^2}{\partial\alpha\partial\gamma}\right)\right]D^j_{m'm}(\alpha,\beta,\gamma)$$
$$=\left\langle jm'\right|\left[-\frac{\partial^2}{\partial\beta^2}+\cot\beta\frac{\partial}{\partial\beta}+\frac{1}{\sin^2\beta}\left(\frac{\partial^2}{\partial\alpha^2}+\frac{\partial^2}{\partial\gamma^2}-2\cos\beta\frac{\partial^2}{\partial\alpha\partial\gamma}\right)\right]\left|jm\right\rangle$$

$$
\begin{aligned}
&=\langle jm'|J^2R(\alpha,\beta,\gamma)|jm\rangle\\
&=j(j+1)\langle jm'|R(\alpha,\beta,\gamma)|jm\rangle\\
&=j(j+1)D^j_{m'm}(\alpha,\beta,\gamma)
\end{aligned}
$$

4.6 $SO(3)$群表示的直积及 C-G 系数

由 2.6 节知，$SO(3)$群的两个不可约表示D^{j_1}和D^{j_2}的直积$D^j=D^{j_1}\otimes D^{j_2}$也是$SO(3)$的一个表示，但是可约表示。

$$
D^j=D^{j_1}\otimes D^{j_2}\approx D^{j_1+j_2}\oplus D^{j_1+j_2-1}\oplus\cdots\oplus D^{|j_1-j_2|+1}\oplus D^{|j_1-j_2|} \tag{4.39}
$$

可见，直积表示D^j包含不可约表示$D^{j_1+j_2}$，$D^{j_1+j_2-1}$，…，$D^{|j_1-j_2|+1}$，$D^{|j_1-j_2|}$各一次。D^j的特征标为

$$
\begin{aligned}
\chi^j(\psi)&=\chi^{j_1}(\psi)\chi^{j_2}(\psi)\\
&=\sum_{m_1=-j_1}^{j_1}\sum_{m_2=-j_2}^{j_2}e^{-i(m_1+m_2)\psi}\\
&=\sum_{m=-(j_1+j_2)}^{j_1+j_2}e^{-im\psi}+\sum_{m=-(j_1+j_2-1)}^{j_1+j_2-1}e^{-im\psi}+\cdots\\
&\quad+\sum_{m=-(|j_1-j_2|+1)}^{|j_1-j_2|+1}e^{-im\psi}+\sum_{m=-|j_1-j_2|}^{|j_1-j_2|}e^{-im\psi}
\end{aligned} \tag{4.40}
$$

即可约表示$D^{j_1+j_2}\oplus D^{j_1+j_2-1}\oplus\cdots\oplus D^{|j_1-j_2|+1}\oplus D^{|j_1-j_2|}$与直积表示$D^j$等价。C-G 系数被改写成文献中常用的角动量形式：

$$
\left(\begin{array}{cc|cc} j_1 & j_2 & j & 1\\ m_1 & m_2 & m & \end{array}\right)=(j_1,m_1,j_2,m_2\mid j_1,j_2,j,m) \tag{4.41}
$$

因此，

$$
\theta^j_m=\sum_{m_1=-j_1}^{j_1}\sum_{m_2=-j_2}^{j_2}(j_1,m_1,j_2,m_2\mid j_1,j_2,j,m)\psi^{j_1}_{m_1}\otimes\psi^{j_2}_{m_2} \tag{4.42}
$$

其中θ^j_m转化为行被标记为$m=(-j,-j+1,\cdots,j)$，m为出现在$D^{j_1}\otimes D^{j_2}$中的不可约表示D^j。$O(3)$群的 C-G 级数为

$$
\Gamma^{p_1,j_1}\otimes\Gamma^{p_2,j_2}\approx\Gamma^{p_1p_2,j_1+j_2}\oplus\Gamma^{p_1p_2,j_1+j_2-1}\oplus\cdots\oplus\Gamma^{p_1p_2,|j_1-j_2|} \tag{4.43}
$$

其中p_1和p_2取值 1 和−1。注意，C-G 级数中每个不可约表示$\Gamma^{p,j}$的宇称p等于直积中不可约表示宇称p_1和p_2的乘积。显然，对于$p=p_1p_2$，$O(3)$群的 C-G 系

数为

$$\left(\begin{array}{cc|ccc} p_1 & j_1 & p & j & 1 \\ m_1 & m_2 & m & & \end{array}\right)=(j_1,m_1,j_2,m_2\,|\,j_1,j_2,j,m) \tag{4.44}$$

$(j_1,m_1,j_2,m_2\,|\,j_1,j_2,j,m)$ 也是 $SO(3)$ 群的 C-G 系数。

习 题

1. 证明：

$$R_u=\begin{pmatrix} \frac{1}{2}(a^2+a^{*2}-b^2-b^{*2}) & -\frac{i}{2}(a^2-a^{*2}+b^2-b^{*2}) & -(ab+a^*b^*) \\ \frac{i}{2}(a^2-a^{*2}-b^2+b^{*2}) & \frac{1}{2}(a^2+a^{*2}+b^2+b^{*2}) & i(a^*b^*-ab) \\ (a^*b+ab^*) & i(a^*b-ab^*) & aa^*-bb^* \end{pmatrix}$$

2. 证明：$\{A^j(u)\}$ 是 $SU(2)$ 的幺正不可约表示。

3. 求 R 矩阵

$$R(\alpha,\beta,\gamma)=\frac{1}{4}\begin{pmatrix} -\sqrt{3}-3 & \sqrt{3}-2 & -\sqrt{2} \\ \sqrt{3}-2 & -\sqrt{3}-2 & \sqrt{2} \\ -\sqrt{2} & \sqrt{2} & 2\sqrt{3} \end{pmatrix}$$

的欧拉角并写出 $SO(3)$群表示矩阵元 $D^j_{m'm}$。

4. 已知 $SO(3)$中的群元

$$R(\alpha,\beta,\gamma)=\frac{1}{8}\begin{pmatrix} \sqrt{6}+2\sqrt{3} & 3\sqrt{2}-2 & 2\sqrt{6} \\ \sqrt{2}-6 & \sqrt{6}+2\sqrt{3} & 2\sqrt{2} \\ -2\sqrt{2} & -2\sqrt{6} & 4\sqrt{2} \end{pmatrix}$$

求欧拉角 α,β,γ。

5. 求 R 矩阵

$$R(\alpha,\beta,\gamma)=\frac{1}{4}\begin{pmatrix} -\frac{3\sqrt{3}}{2} & -\frac{5}{2} & -\sqrt{3} \\ \frac{1}{2} & -\frac{3\sqrt{3}}{2} & \sqrt{2} \\ -3 & \sqrt{3} & 2 \end{pmatrix}$$

的欧拉角。

6. 证明：

$$\frac{1}{8\pi^2}\int_0^{2\pi} da\int_0^{\pi} \sin\beta d\beta\int_0^{2\pi} D_{m_1'm_1}^{j_1^*}(\alpha,\beta,\gamma)D_{m_2'm_2}^{j_2}(\alpha,\beta,\gamma)dr = \delta_{j_1j_2}\delta_{m_1'm_2'}\delta_{m_1m_2}\frac{1}{2j_1+1}$$

7. 证明：D^j的特征标满足正交性

$$\frac{1}{\pi}\int_0^{\pi}\chi^{j_1^*}(\psi)\chi^{j_2}(\psi)(1-\cos\psi)d\psi = \delta_{j_1j_2}$$

8. 证明：

$$i\frac{\partial}{\partial\alpha}D_{m'm}^{j}(\alpha,\beta,\gamma) = m'D_{m'm}^{j}(\alpha,\beta,\gamma)$$

9. 证明：

$$i\frac{\partial}{\partial\gamma}D_{m'm}^{j}(\alpha,\beta,\gamma) = mD_{m'm}^{j}(\alpha,\beta,\gamma)$$

10. 证明：

$$[J^2,\exp(-i\psi\boldsymbol{nJ})] = 0$$

11. 试用 C-G 系数计算三个电子系统总自旋角动量的本征函数。

第5章　置　换　群

对称群（或置换群）S_n 指 n 个客体（全同粒子）体系的对称操作（置换）群。该群是有限群，阶数为 $n!$。S_n 群的不可约表示与李群 $U(n)$，$O(n)$ 等的不可约表示有密切关系，对 S_n 群的了解往往被看成是理论物理工作者必备的基础。

5.1　置　　换

5.1.1　置换的性质

置换 $s=\begin{pmatrix} a_1 & a_2 & \cdots & a_n \\ b_1 & b_2 & \cdots & b_n \end{pmatrix}$ 代表 s 把 $a_1 \to b_1, a_2 \to b_2, \cdots, a_n \to b_n$。只要每一列上面数码 a_i 与下面 b_i 对应，不管每列出现的顺序如何，都表示同一置换。

两个置换 r 和 s 的积 rs 规定为先实行置换 s，再实行置换 r。如

$$r=\begin{pmatrix} 1 & 2 & 3 & 4 & 5 \\ 5 & 1 & 4 & 3 & 2 \end{pmatrix}, \quad s=\begin{pmatrix} 1 & 2 & 3 & 4 & 5 \\ 3 & 1 & 5 & 2 & 4 \end{pmatrix}$$

则

$$rs=\begin{pmatrix} 1 & 2 & 3 & 4 & 5 \\ 4 & 5 & 2 & 1 & 3 \end{pmatrix}, \quad sr=\begin{pmatrix} 1 & 2 & 3 & 4 & 5 \\ 4 & 3 & 2 & 5 & 1 \end{pmatrix}$$

显然，$rs \neq sr$，即乘法不满足交换律但是满足结合律。

恒等置换

$$s_0=\begin{pmatrix} 1 & 2 & \cdots & n \\ 1 & 2 & \cdots & n \end{pmatrix}=\begin{pmatrix} a_1 & a_2 & \cdots & a_n \\ a_1 & a_2 & \cdots & a_n \end{pmatrix}$$

是单位元素，即 $\forall s \in S_n$ 有 $s_0 s = s s_0 = s$。

s 的逆 s^{-1} 为

$$s^{-1}=\begin{pmatrix} b_1 & b_2 & \cdots & b_n \\ a_1 & a_2 & \cdots & a_n \end{pmatrix}, \quad ss^{-1}=s^{-1}s=s_0$$

5.1.2 轮换

轮换是一种特殊的置换。m 阶轮换定义为 $e_1 \to e_2, e_2 \to e_3, \cdots, e_{m-1} \to e_m$，$e_m \to e_1$ 的置换。注意，轮换符号内的数码作轮换，仍表示同一轮换，即

$$(e_1 \ e_2 \ \cdots \ e_m) = (e_2 \ e_3 \ \cdots \ e_m \ e_1) = \cdots = (e_m \ e_1 \ e_2 \ \cdots \ e_{m-1})$$

这里

$$(e_1 \ e_2 \ \cdots \ e_m) = \begin{pmatrix} e_1 & e_2 & \cdots & e_{m-1} & e_m \\ e_2 & e_3 & \cdots & e_m & e_1 \end{pmatrix}$$

轮换具有以下性质：

(1) 两个轮换 $(e_1 \ e_2 \ \cdots \ e_m)$ 和 $(f_1 \ f_2 \ \cdots \ f_m)$，如果没有公共数码，称为相互独立的轮换，则轮换乘积与因子次序无关。

(2) 任意 n 阶置换 s，总可以表为无公共数码轮换的乘积。

例 5.1.1 $\begin{pmatrix} 1 & 2 & 3 & 4 & 5 \\ 3 & 4 & 1 & 5 & 2 \end{pmatrix} = (1 \ 3)(2 \ 4 \ 5)$。

例 5.1.2 $\begin{pmatrix} 1 & 2 & 3 & 4 & 5 & 6 \\ 4 & 2 & 6 & 5 & 1 & 3 \end{pmatrix} = (1 \ 4 \ 5)(2)(3 \ 6) = (1 \ 4 \ 5)(3 \ 6)$。

例 5.1.3 $\begin{pmatrix} 1 & 2 & 3 & \cdots & n \\ 1 & 2 & 3 & \cdots & n \end{pmatrix} = (1)(2)(3)\cdots(n) = s_0$，即将自己映为自身的轮换。

(3) 轮换 $(e_1 \ e_2 \ \cdots \ e_m)$ 的逆为

$$(e_1 \ e_2 \ \cdots \ e_{m-1} \ e_m)^{-1} = (e_m \ e_{m-1} \ \cdots \ e_2 \ e_1)$$

由 2 个数码组成的二阶轮换 $(e_1 \ e_2)$ 叫做对换，表示把 $e_1 \to e_2, e_2 \to e_1$。

(4) 任一个 m 阶轮换，总可以写为 $m-1$ 个对换的乘积，即

$$(e_1 \ e_2 \ \cdots \ e_m) = (e_1 \ e_m)(e_1 \ e_{m-1})\cdots(e_1 \ e_2)$$

对换 $(a \ a+k)$ 满足下列递推关系：

$$(a \ a+k) = (a+1 \ a+k)(a \ a+1)(a+1 \ a+k) \tag{5.1}$$

因此，

$$(i \ n) = (n-1 \ n)(i \ n-1)(n-1 \ n) \tag{5.2}$$

反复应用上式，可以把任意对换 $(a \ a+k)$ 化为两个相邻数码对称的乘积。

总之，任一置换均可写为没有公共数码轮换的乘积，轮换又可写成对换的乘积，对换又可写为相邻数码对换的乘积。由此可以得出，任一置换可写为相邻数码对换的乘积。

例 5.1.4 $\begin{pmatrix}1 & 2 & 3 & 4\\3 & 2 & 4 & 1\end{pmatrix}=(1\ \ 3\ \ 4)(1\ \ 4)(1\ \ 3)=(3\ \ 4)(2\ \ 3)(3\ \ 4)(1\ \ 2)(3\ \ 4)$ $(2\ \ 3)(3\ \ 4)(2\ \ 3)(1\ \ 2)(2\ \ 3)$。

5.2 S_n群的类

5.2.1 共轭置换

置换 s 的共轭元素为tst^{-1}，其中

$$s=\begin{pmatrix}1 & 2 & \cdots & n\\c_1 & c_2 & \cdots & c_n\end{pmatrix},\ t^{-1}=\begin{pmatrix}d_1 & d_2 & \cdots & d_n\\1 & 2 & \cdots & n\end{pmatrix}=\begin{pmatrix}f_1 & f_2 & \cdots & f_n\\c_1 & c_2 & \cdots & c_n\end{pmatrix}$$

t 是 S_n 的任意元素，有

$$tst^{-1}=\begin{pmatrix}d_1 & d_2 & \cdots & d_n\\f_1 & f_2 & \cdots & f_n\end{pmatrix}$$

即 tst^{-1} 可以通过对 s 中上下两行同时实行置换 t 而得到。

若两个置换 s 和 r 所包含轮换因子的个数相同，每个轮换因子中数码个数也相同，或称 s 和 r 有相同的轮换结构，则 s 和 r 必互相共轭。如

$$s=(a_1\ \ a_2\ \ a_3)(b_1\ \ b_2)\cdots(c_1\ \ c_2\ \ \cdots\ \ c_i)$$
$$r=(d_1\ \ d_2\ \ d_3)(e_1\ \ e_2)\cdots(f_1\ \ f_2\ \ \cdots\ \ f_i)$$

则有

$$t=\begin{pmatrix}a_1 & a_2 & a_3 & b_1 & b_2 & \cdots & c_1 & c_2 & \cdots & c_i\\d_1 & d_2 & d_3 & e_1 & e_2 & \cdots & f_1 & f_2 & \cdots & f_i\end{pmatrix}$$

使得 $tst^{-1}=r$ 。由此可以得出，具有相同轮换结构的置换构成 S_n 群的一个类。

S_n 群的轮换结构，可用 $(\nu)=(1^{\nu_1}\ \ 2^{\nu_2}\ \ \cdots\ \ n^{\nu_n})$ 描写。它代表轮换结构中有独立的 ν_1 个一阶轮换，ν_2 个二阶轮换，$\cdots$，ν_n 个 n 阶轮换。ν_1，ν_2，$\cdots$，ν_n 为非负整数，且满足 $\nu_1+2\nu_2+3\nu_3+\cdots+n\nu_n=n$ 。

S_n 中，具有轮换结构 (ν) 的元素个数为

$$\frac{n!}{1^{\nu_1}\nu_1!2^{\nu_2}\nu_2!\cdots n^{\nu_n}\nu_n!} \tag{5.3}$$

具有相同轮换结构 (ν) 的元素构成 S_n 群的一个类，(ν) 也代表 S_n 的一个类。

5.2.2 杨图

S_n 群的类，常用 $[\lambda]=[\lambda_1,\lambda_2,\cdots,\lambda_n]$ 描述，

$$\lambda_1=\nu_1+\nu_2+\cdots+\nu_n$$
$$\lambda_2=\nu_2+\nu_3+\cdots+\nu_n$$
$$\vdots$$
$$\lambda_n=\nu_n$$

显然，$\lambda_1\geqslant\lambda_2\geqslant\cdots\geqslant\lambda_n\geqslant 0$，$\lambda_1+\lambda_2+\lambda_3+\cdots+\lambda_n=n$。$[\lambda]$ 称为 n 的一个分割，即把 n 分割为一些不增的整数之和。S_n 群类的个数由 n 的分割个数决定。两个分割 $[\lambda]=[\lambda_1,\lambda_2,\cdots,\lambda_n]$ 和 $[\lambda']=[\lambda_1',\lambda_2',\cdots,\lambda_n']$，如果第一个非零差 $\lambda_i-\lambda_i'>0$ 就称 $[\lambda]>[\lambda']$。

经常用杨图描写分割 $[\lambda]=[\lambda_1,\lambda_2,\cdots,\lambda_n]$。有多少个杨图就有多少类。杨图由 n 个小方格组成，它的第 1 行，第 2 行，…，第 k 行各由 $\lambda_1,\lambda_2,\cdots,\lambda_k$ 个小方格排成。第一列的小方格是上下对齐的。例如

S_3 的类：

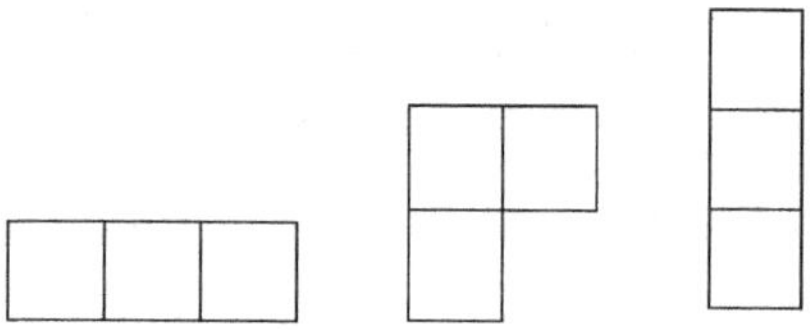

[3]　　[2 1]　　[1³]

S_4 的类：

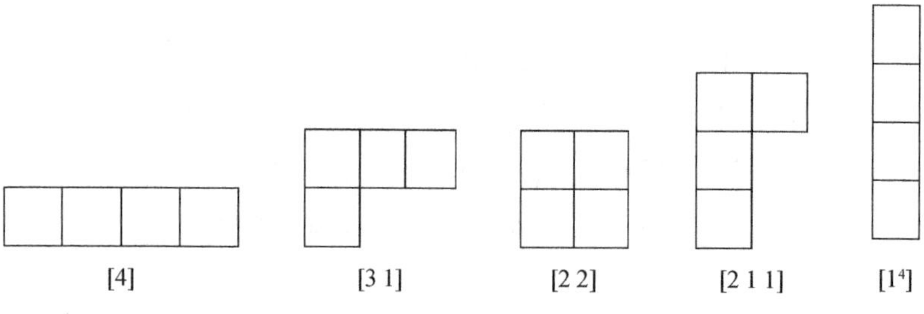

[4]　　[3 1]　　[2 2]　　[2 1 1]　　[1⁴]

S_3 的分割只有[3], [2 1], [1 1 1]=$[1^3]$，它们是 S_3 群的 3 个类。S_4 的分割有[4], [3 1], [2 2]=$[2^2]$, [2 1 1]=$[2\ 1^2]$, [1 1 1 1]=$[1^4]$，它们是 S_4 群的 5 个类。

如果杨图 $[\tilde{\lambda}]$ 是把杨图 $[\lambda]$ 中的行和列互换得到的，则称杨图 $[\tilde{\lambda}]$ 与 $[\lambda]$ 互为共轭。如果 $[\tilde{\lambda}]=[\lambda]$，则称杨图 $[\lambda]$ 是自共轭的。如 S_3 中的[3]与 $[1^3]$ 互为共轭，[2　1]是自共轭；S_4 中的[4]与 $[1^4]$ 互为共轭，[3　1]与 $[2\ \ 1^2]$ 是互共轭，[2　2]是自共轭。

5.3　投影算子和幂等元

5.3.1　投影算子

这里介绍一种寻求群表示的方法，即投影算子方法，就是将群表示空间约化为一些不变子空间直和的有效方法。

满足 $P^2=P$ 的线性空间 V 上的线性算子 P，称为 V 上的一个投影算子。P 的值域 $R_P = PV = \{z \in V \mid z = Px, x \in V\}$ 是由 V 经 P 投影后所得向量组成的空间。P 的核为 $N_P = \{z' \in V \mid Pz' = 0\}$，其中 0 为零向量，是由 V 中经 P 投影后变为零向量的向量 z' 组成的空间，又叫做 P 的零空间。

投影算子具有以下性质

(1)

$$z = Pz, \quad \forall z \in R_P \tag{5.4}$$

(2) $E-P$ 也是 V 上的投影算子，且

$$P(E-P)=0 \tag{5.5}$$

(3) $V = R_P + N_P$，即向量空间 V 可以约化为 R_P 和 N_P 的直和。反过来，若空间 V 可以约化为两个空间 W 和 W' 的直和，则必能找到投影算子 P，使

$$W = PV, \quad W' = (E-P)V \tag{5.6}$$

(4) 若 $V = W_1 \oplus W_2 \oplus \cdots \oplus W_k$，则 V 上必存在投影算子 $P_1, P_2, \cdots, P_k$，满足

$$P_i^2 = P_i, \quad i = 1, 2, \cdots, k \tag{5.7}$$

$$P_i P_j = 0, \quad i \neq j \tag{5.8}$$

$$P_1 + P_2 + \cdots + P_k = E \tag{5.9}$$

$$P_i V = W_i, \quad i = 1, 2, \cdots, k \tag{5.10}$$

反之，若存在投影算子 $P_1, P_2, \cdots, P_k$ 满足上述性质，则 V 可约化为

$$W_1 \oplus W_2 \oplus \cdots \oplus W_k$$

(5) 设 $\{A(g_\alpha)\}$ 是群 $G = \{g_\alpha\}$ 的一个有限维表示，如果表示空间 $W_1, W_2, \cdots, W_k$ 是 G 的不变空间，即

$$V = W_1 \oplus W_2 \oplus \cdots \oplus W_k$$

则必存在投影算子 $P_1, P_2, \cdots, P_k$，且

$$A(g_\alpha) P_i = P_i A(g_\alpha), \quad i = 1, 2, \cdots, k$$

反过来也成立。

(6) 设 P_i 不能写成另外两个与 $A(g_\alpha)$ 可交换投影算子 P_{i1} 和 P_{i2} 的和，即

$$P_i \neq P_{i1} + P_{i2}, \quad P_{i1}P_{i2} \neq P_{i2}P_{i1} \neq 0$$

$$A(g_\alpha)P_{i1} \neq P_{i1}A(g_\alpha), \quad A(g_\alpha)P_{i2} \neq P_{i2}A(g_\alpha)$$

则 $W_i = P_iV$ 是 G 的一个不可约表示空间。反之，若 W_i 是 G 的一个不可约表示空间，则 P_i 不能写成上述两个投影算子之和。

应用上述性质(5)和(6)，可以把 G 在空间 V 的有限维表示 $A(g_\alpha)$，通过一组不能分解的与 $A(g_\alpha)$ 可变换的投影算子 $P_1, P_2, \cdots, P_k$，约化为不可约表示 $A^1(g_\alpha)$, $A^2(g_\alpha), \cdots, A^k(g_\alpha)$ 的直和，不可约表示空间分别为 $W_1, W_2, \cdots, W_k$。

5.3.2 幂等元

群代数 R_G 中，如果元素 e 满足

$$e^2 = e \tag{5.11}$$

则称 e 为幂等元。如果

$$e'^2 = \lambda e' \tag{5.12}$$

则称 e' 为本质幂等元。取 $e = \lambda^{-1}e'$，则 e 为幂等元。

若有一个投影算子 P_i，则有一个幂等元 e_i 与之对应。反之，若有一个幂等元 e_i，也就有一个投影算子 P_i 与之对应，即 $P_iR_G = R_Ge_i$，且当 $P_1 + P_2 + \cdots + P_k = E$ 时，有 $e_1 + e_2 + \cdots + e_k = g_0$。

设

$$R_G = W_1 \oplus W_2 \oplus \cdots \oplus W_k, \quad W_i = P_iR_G$$

其中 W_i 是 $L(g_\alpha)$ 的不变子空间，P_i 是投影算子，P_i 对应的幂等元为 e_i，即 $\forall x \in R_G$ 有 $P_ix = xe_i$，则 W_i 是不可约子空间的充要条件是 e_i 不能分别为满足以下条件的两个幂等元的和：

$$e_i = e_{i1} + e_{i2}, \quad e_{i1}^2 = e_{i1} \neq 0, \quad e_{i2}^2 = e_{i2} \neq 0, \quad e_{i1}e_{i2} = e_{i2}e_{i1} = 0 \tag{5.13}$$

如果一个幂等元不存在上述关系给出的分解，则称为本原幂等元。这样，将 $L(g_\alpha)$ 约化为不可约表示的问题归结于寻找全部本原幂等元的问题。

若 e_i 是一个本原幂等元，则 $\forall x \in R_G$，有

$$e_ixe_i = \lambda_x e_i, \quad \lambda_x \in C \tag{5.14}$$

反之，若 e_i 是幂等元，$\forall x \in R_G$，有 $e_ixe_i = \lambda_x e_i$，则 e_i 是本原幂等元。

5.4　杨盘和杨算子

5.4.1　杨盘

由前面可知，如果能找到 S_n 群的全部本原幂等元，就可求出它的全部不等价不可约表示。利用以下杨盘的方法可以找出 S_n 群的本原幂等元。

S_n 群的杨盘，是把数字 $1,2,\cdots,n$ 分别填到杨图的每一个方格中，每一个填有这种数字的杨图，称为一个杨盘。每个杨图有 $n!$ 种填法，因此，每个杨图可以有 $n!$ 个杨盘。用符号 (i,j) 表示杨盘中第 i 行第 j 列的位置。图 5.4.1 左、右分别为 S_6 的杨图[3　2　1]的两个杨盘。

1	2	5
3	4	
6		

T_a

1	5	4
3	2	
6		

T_b

图 5.4.1

对每个杨盘 T，可以定义两组算子，一组是行置换 $R(T)=\{p\}$，由各行中数字在行中的全部置换组成；另一组是列置换 $C(T)=\{q\}$，由各列中数字在列中的全部置换组成。如杨图 T_a 的行置换和列置换算子分别为

$$R(T_a)=\{(1),(1\ \ 2),(1\ \ 5),(2\ \ 5),(1\ \ 2\ \ 5),(1\ \ 5\ \ 2),(3\ \ 4),(1\ \ 2)(3\ \ 4),$$
$$(1\ \ 5)(3\ \ 4),(2\ \ 5)(3\ \ 4),(1\ \ 2\ \ 5)(3\ \ 4),(1\ \ 5\ \ 2)(3\ \ 4)\}$$
$$C(T_a)=\{(1),(1\ \ 3),(1\ \ 6),(3\ \ 6),(1\ \ 3\ \ 6),(1\ \ 6\ \ 3),(2\ \ 4),(1\ \ 3)(2\ \ 4),$$
$$(1\ \ 6)(2\ \ 4),(3\ \ 6)(2\ \ 4),(1\ \ 3\ \ 6)(2\ \ 4),(1\ \ 6\ \ 3)(2\ \ 4)\}$$

易知，$R(T_a)$ 和 $C(T_a)$ 分别是 S_n 群的子群。$S_0=(1)=(2)=\cdots=(6)$ 是 $R(T_a)$ 和 $C(T_a)$ 群的唯一公共元素。

如果杨盘 T 对应的杨图为 $[\lambda]=[\lambda_1,\lambda_2,\cdots,\lambda_n]$，则 $R(T)$ 群的阶为 $\lambda_1!,\lambda_2!,\cdots,\lambda_n!$，$C(T)$ 群的阶为 $\tilde{\lambda}_1!,\tilde{\lambda}_2!,\cdots,\tilde{\lambda}_n!$。

5.4.2　杨算子

定义行置换为

$$P(T)=\sum_{p\in R(T)}p \tag{5.15}$$

列置换为

$$Q(T)=\sum_{q\in C(T)}\delta_q q\,,\quad \begin{cases} q\text{为偶置换，}\ \delta_q=+1 \\ q\text{为奇置换，}\ \delta_q=-1 \end{cases} \tag{5.16}$$

这里需要说明的是，对于$(e_1,e_2,\cdots,e_m)$，长度为奇数的轮换为偶置换，长度为偶数的轮换为奇置换。P 和 Q 都是 S_n 的群代数 R_G 的元素。

定义杨算子为

$$E(T)=PQ=\sum_{p\in R(T)}\sum_{q\in C(T)}\delta_q pq \tag{5.17}$$

显然 E 也是 R_G 的一个元素，E, P, Q 都与杨盘 T 有关。

下面介绍几个关于杨盘的引理，并说明上面引入的杨算子，正是 S_n 群代数的本质本原幂等元。

引理 5.4.1 设T,T'是由置换 r 联系的两个杨盘，$T'=rT$，当置换 S 作用于 T 上，使 T 中位于(i,j)的数字变到 ST 中(i_1,j_1)处，则$S'=rSr^{-1}$把T'中位于(i,j)的数字，也变到$S'T'$的(i_1,j_1)处，如图 5.4.2 所示。

1	4	6
2	5	
3	8	
7		

3	4	6
2	1	
5	8	
7		

ST

6	3	1
5	7	
4	8	
2		

6	3	1
5	6	
7	8	
2		

$S'T'$

图 5.4.2

这里，

$$T'=rT\,,\quad r=(2\quad 5\quad 7)(3\quad 4)(1\quad 6)$$
$$S=(1\quad 3\quad 5)\,,\quad S'=rSt^{-1}=(6\quad 4\quad 7)$$

即把 S 的上下两行同时作置换 r 。值得指出的是，当行置换 p 作用于杨盘 T 上，只引起 T 中同一行数字的置换，故 $rpr^{-1}=p'$ 也只是引起T' 同一行数字的置换，p

不同时，p' 也不同，于是可以从 T 的行置换 p，得到 T' 的行置换 $p'=rpr^{-1}$，同理，从 T 的列置换 q，得到 T' 的行置换 $q'=rqr^{-1}$。于是得到以下推论：

推论 5.4.1 设 $T'=rT$，则

$$R(T')=rR(T)r^{-1},\quad C(T')=rC(T)r^{-1}$$

$$P'=rPr^{-1},\quad Q'=rQr^{-1},\quad E'=rEr^{-1}$$

引理 5.4.1 和推论 5.4.1 给出了属于同一杨图的不同杨盘之间的关系，$E'=rEr^{-1}$ 给出了不同杨盘的杨算子之间的关系。

引理 5.4.2 设 p 和 q 分别是杨盘 T 中的行置换和列置换，则 T 中位于同一行的任意两个数字，不可能出现在 $T'=pqT$ 的同一列中。反之，若 $T'=rT$，而 T 中位于同一行的任两个数字，不出现在 T' 的同一列，则 $r=pq$。

这说明，一个列置换 q 乘上行置换 p, pq 不可能把一个杨盘同一行数字变到同一列。反之，如果置换 r 不能把一个杨盘的同一行数字变到同一列，那么置换必可写成 pq 的形式。

引理 5.4.3 设杨盘 T 和 T' 分别属于杨图 $[\lambda]$ 和 $[\lambda']$，$[\lambda]>[\lambda']$，则存在两个数字位于 T 的同一行和 T' 的同一列。

上述引理指出，属于不同杨图的两个杨盘，总有一个盘中同一行的两个数字，会出现在另一个盘的同一列中，这是不同杨图的杨盘间的一个重要性质。

引理 5.4.4 若有两个数字，位于杨盘 T 的同一行，又位于杨盘 T' 的同一列，则 T 和 T' 的杨算子 E 和 E' 满足 $EE'=0$。

T 和 T' 可以属于相同的杨图，也可以属于不同的杨图，当 T 和 T' 属于不同的杨图 $[\lambda]$ 和 $[\lambda']$，且 $[\lambda]>[\lambda']$ 时，必有 $EE'=0$。

引理 5.4.5 设 $x=\sum\limits_{s\in S_n}x(s)s$ 是 S_n 群代数 R_G 的一个元素，如果对杨盘 T 的任意行置换 $p\in R(T)$ 和列置换 $q\in C(T)$，满足 $pxq=\delta_q x$，则 x 和 T 盘的杨算子 E 之间相差一个常数因子 θ，即 $x=\theta E$。

从上述引理可以看出，杨算子满足 $pEq=\delta_q E, E=E(T)$。反之，凡满足上式的 R_G 的元素，必是杨算子乘以常数。

引理 5.4.6 对应于杨盘 T 的杨算子 E，是一个本质的本原幂等元，不变子空间 $R_G E$ 是 S_n 群的一个不可约表示空间，$R_G E$ 的维数是 $n!$ 的因子。

引理 5.4.6 说明，从一个杨盘 T 可以求出一个本原幂等元 $\theta^{-1}E$，从而得到 S_n 群的一个不可约表示。但这样得到的不可约表示许多是等价的。下面的引理可

以帮助寻找不等价的不可约表示。

引理 5.4.7 同一个杨图的不同杨盘给出的表示是等价的，而不同杨图的杨盘给出的表示是不等价的。

5.5 S_n群的不可约表示

定理 5.5.1 杨算子 $E(T)$ 是本质的本原幂等元，不变子空间 $R_GE(T)$ 给出 S_n 群的一个不可约表示 $U^{[\lambda]}$，由同一个杨图 $[\lambda]$ 的不同杨盘 T 给出的表示是等价的，而不同杨图 $[\lambda]$，$[\lambda']$ 给出的表示是不等价的。

下面介绍标准盘的概念。如果一个杨盘中，每一行的数字从左到右是逐渐增加的，每一列的数字从上到下也是增加的，就把这个杨盘叫做标准盘。图 5.5.1 中 T_a 为标准盘，T_b 为非标准盘。

1	2	5
3	4	
6		

T_a

1	5	4
3	2	
6		

T_b

图 5.5.1

对一个标准盘 $T_i^{[\lambda]}$，在右上角给出这盘对应的分割，也即这盘所属的杨图。右下角是对属于同一杨图的各标准盘的编号，小数字在前，第一数字相同，则将第二行对应数字从左到右逐个比较，$i=1,2,\cdots,f^{[\lambda]}$，$f^{[\lambda]}$是杨图$[\lambda]$的标准盘个数。

图 5.5.2 是分割为$[2^2]$的杨图在第一行填上数字 1, 2 得到的标准盘$T_1[2^2]$，图 5.5.3 是在同一个杨图的第一行填上数字 1, 3 得到的标准盘$T_2[2^2]$。

1	2
3	4

图 5.5.2

1	3
2	4

图 5.5.3

杨图$[\lambda]$所对应的不可约表示的维数，等于该杨图的标准盘的个数 $f^{[\lambda]}$，

$$f^{[\lambda]} = n!\prod_{i<k}(l_i - l_k) / l_1!l_2!\cdots l_r! \tag{5.18}$$

其中 $l_i = \lambda_i + r - i, i = 1, 2, \cdots, r$，$r$ 是杨图$[\lambda]$的行数，$n!$ 是 S_n 群的阶，$\lambda_1 + \lambda_2 + \cdots + \lambda_n = n$。杨图$[\lambda]$所对应的不可约表示的维数通常用下式计算比较方便：

$$f^{[\lambda]} = \frac{n!}{\prod\limits_{i,j} g_{ij}} \tag{5.19}$$

其中 g_{ij} 是杨图$[\lambda]$的第 i 行第 j 列的“钩长”，它等于以 (i, j) 格子为直角心端点所包含的方格数，也就是在 (i, j) 右面与下面的方格数加 1。

例如，计算 S_{13} 杨图$[\lambda] = [6\quad 4\quad 3]$ 的钩长 g_{ij}。通常是把 g_{ij} 填在该小方块中，如图 5.5.4 所示，则

$$f^{[6\ 4\ 3]} = \frac{13!}{8 \cdot 7 \cdot 6 \cdot 4 \cdot 2 \cdot 1 \cdot 5 \cdot 4 \cdot 3 \cdot 1 \cdot 3 \cdot 2 \cdot 1} = 13 \cdot 11 \cdot 9 \cdot 5 \Rightarrow \sum_{[\lambda]} (f^{[\lambda]})^2 = n!$$

8	7	6	4	2	1
5	4	3	1		
3	2	1			

图 5.5.4

例 5.5.1　对 S_n 群，当$[\lambda] = [n]$时，只有一个标准盘，如图 5.5.5 所示。

这里 $R(T_1^{[n]}) = S_n = \{s\}$，$C(T_1^{[n]}) = s_0 \to$ (S_n 的单位元)，则

$$E_1^{[n]} = \sum_{s \in S_n} S$$

由重排定理知

$$\forall t \in S_n, \quad tE_1^{[n]} = E_1^{[n]}$$

$[n]$对应 S_n 群的一维恒等表示。

1	2	…	n

图 5.5.5

当$[\lambda] = [1^n]$时，也只有一个标准盘 $T_1^{[1^n]}$，如图 5.5.6 所示。

$$R(T_1^{[n]}) = S_0, \quad C(T_1^{[n]}) = S_n$$

$$E_1^{[1^n]} = \sum_{s \in S_n} \delta_s s$$

$\forall t \in S_n$，有

$$tE_1^{[n]} = E_1^{[n]}$$

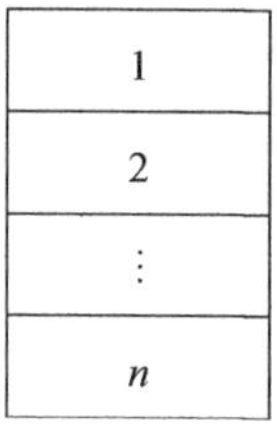

图 5.5.6

故$[1^n]$对应S_n群的另一个一维表示，偶置换矩阵元为+1，奇置换矩阵元为-1，该表示为S_n群的交代表示，它是S_n群到二阶循环群上的同态映射。

以下以S_3群为例，寻求S_n群不可约表示的求解方法。

例 5.5.2 求S_3群的不可约表示。

$T_1^{[3]}$对应S_3的一维恒等表示，$T_1^{[1^3]}$对应S_3的交代表示，$[\lambda]=[2\ \ 1]$有两个标准盘，对应S_3的一个二维表示。

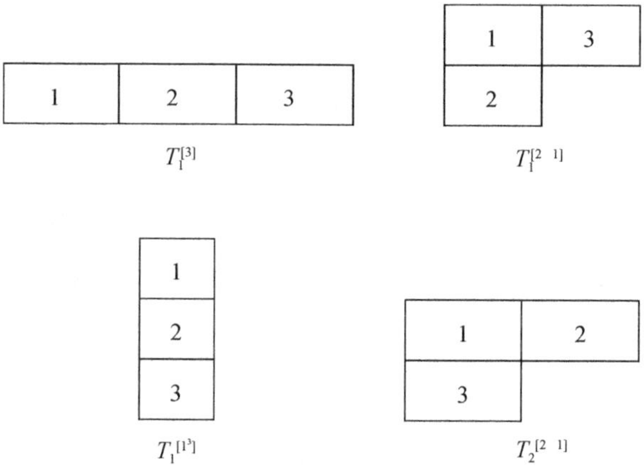

图 5.5.7

$T_1^{[2\ \ 1]}$和$T_2^{[2\ \ 1]}$给出的不可约表示是等价的。

考虑由$E_1^{[2\ \ 1]}$给出一个S_3不变子空间$R_G E_1^{[2\ \ 1]}$，因为

$$E_1^{[2\ \ 1]}=[(1)+(1\ \ 2)][(1)-(1\ \ 3)]=(1)+(1\ \ 2)-(1\ \ 3)-(1\ \ 3\ \ 2)$$

$$(1)E_1^{[2\ \ 1]}=E_1^{[2\ \ 1]}$$

$$(1\ \ 2)E_1^{[2\ \ 1]}=E_1^{[2\ \ 1]}$$

$$(1\ \ 3)E_1^{[2\ \ 1]}=-(1)-(2\ \ 3)+(1\ \ 3)+(1\ \ 2\ \ 3)$$

$$(2\ \ 3)E_1^{[2\ \ 1]}=(2\ \ 3)-(1\ \ 2)+(1\ \ 2\ \ 3)-(1\ \ 2\ \ 3)=-E_1^{[2\ \ 1]}-(1\ \ 3)E_1^{[2\ \ 1]}$$

$$(1\ \ 2\ \ 3)E_1^{[2\ \ 1]}=(1\ \ 3)E_1^{[2\ \ 1]}$$

$$(1\ \ 3\ \ 3)E_1^{[2\ \ 1]} = -E_1^{[2\ \ 1]} - (1\ \ 3)E_1^{[2\ \ 1]}$$

可以看出，$R_G E_1^{[2\ \ 1]}$确是二维的。

若取$E_1^{[2\ \ 1]}$和$(1\ \ 3)E_1^{[2\ \ 1]}$为$R_G E_1^{[2\ \ 1]}$的基，即

$$E_1^{[2\ \ 1]} = \begin{pmatrix} 1 \\ 0 \end{pmatrix},\quad (1\ \ 3)E_1^{[2\ \ 1]} = \begin{pmatrix} 0 \\ 1 \end{pmatrix}$$

可以算出S_3群元的表示矩阵$U^{[2\ \ 1]}(s)$。求解如下：

$$\because (1\ \ 2)E_1^{[2\ \ 1]} = E_1^{[2\ \ 1]} = 1\times E_1^{[2\ \ 1]} + 0\times(1\ \ 3)E_1^{[2\ \ 1]}$$

$$(1\ \ 2)(1\ \ 3)E_1^{[2\ \ 1]} = -(1\ \ 2) - (1\ \ 2\ \ 3) + (1\ \ 3\ \ 2) + (2\ \ 3) = -E_1^{[2\ \ 1]} - (1\ \ 3)E_1^{[2\ \ 1]}$$

$$\therefore U^{[2\ \ 1]}((1\ \ 2)) = \begin{pmatrix} 1 & -1 \\ 0 & -1 \end{pmatrix}$$

$$\because (1\ \ 3)E_1^{[2\ \ 1]} = 0\times E_1^{[2\ \ 1]} + 1\times(1\ \ 3)E_1^{[2\ \ 1]}$$

$$(1\ \ 3)(1\ \ 3)E_1^{[2\ \ 1]} = 1\times E_1^{[2\ \ 1]} + 0\times(1\ \ 3)E_1^{[2\ \ 1]}$$

$$\therefore U^{[2\ \ 1]}((1\ \ 3)) = \begin{pmatrix} 0 & 1 \\ 1 & 0 \end{pmatrix}$$

$$\because (2\ \ 3)E_1^{[2\ \ 1]} = -E_1^{[2\ \ 1]} - (1\ \ 3)E_1^{[2\ \ 1]}$$

$$(2\ \ 3)(1\ \ 3)E_1^{[2\ \ 1]} = (1\ \ 3)E_1^{[2\ \ 1]} = 0\times E_1^{[2\ \ 1]} + 1\times(1\ \ 3)E_1^{[2\ \ 1]}$$

$$\therefore U^{[2\ \ 1]}((2\ \ 3)) = \begin{pmatrix} -1 & 0 \\ -1 & 1 \end{pmatrix}$$

$$\because (1\ \ 2\ \ 3)E_1^{[2\ \ 1]} = 0\times E_1^{[2\ \ 1]} + (1\ \ 3)E_1^{[2\ \ 1]}$$

$$\begin{aligned}(1\ \ 2\ \ 3)(1\ \ 3)E_1^{[2\ \ 1]} &= -(1\ \ 2) + (2\ \ 3) - (1\ \ 2\ \ 3) + (1\ \ 3\ \ 2) \\ &= -E_1^{[2\ \ 1]} - (1\ \ 3)E_1^{[2\ \ 1]}\end{aligned}$$

$$\therefore U^{[2\ \ 1]}((1\ \ 2\ \ 3)) = \begin{pmatrix} 0 & -1 \\ 1 & -1 \end{pmatrix}$$

$$\because (1\ \ 3\ \ 2)E_1^{[2\ \ 1]} = -E_1^{[2\ \ 1]} - (1\ \ 3)E_1^{[2\ \ 1]}$$

$$\begin{aligned}(1\ \ 3\ \ 2)(1\ \ 3)E_1^{[2\ \ 1]} &= (1) + (1\ \ 2) - (1\ \ 3) - (1\ \ 3\ \ 2) \\ &= 1\times E_1^{[2\ \ 1]} + 0\times(1\ \ 3)E_1^{[2\ \ 1]}\end{aligned}$$

$$\therefore U^{[2\ \ 1]}((1\ \ 3\ \ 2)) = \begin{pmatrix} -1 & 1 \\ -1 & 0 \end{pmatrix}$$

综上所述，有

$$U^{[2\ \ 1]}((1)) = \begin{pmatrix} 1 & 0 \\ 0 & 1 \end{pmatrix},\quad U^{[2\ \ 1]}((1\ \ 2)) = \begin{pmatrix} 1 & -1 \\ 0 & -1 \end{pmatrix}$$

$$U^{[2\ \ 1]}((1\ \ 3))=\begin{pmatrix}0 & 1\\ 1 & 0\end{pmatrix},\quad U^{[2\ \ 1]}((2\ \ 3))=\begin{pmatrix}-1 & 0\\ -1 & 1\end{pmatrix}$$

$$U^{[2\ \ 1]}((1\ \ 2\ \ 3))=\begin{pmatrix}0 & -1\\ -1 & -1\end{pmatrix},\quad U^{[2\ \ 1]}((1\ \ 3\ \ 2))=\begin{pmatrix}-1 & -1\\ -1 & 0\end{pmatrix}$$

考虑由 $E_2^{[2\ \ 1]}$ 给出一个 S_3 不变子空间 $R_G E_2^{[2\ \ 1]}$，因为

$$E_2^{[2\ \ 1]}=(1)-(1\ \ 2)+(1\ \ 3)-(1\ \ 2\ \ 3)$$

$$(1)E_2^{[2\ \ 1]}=E_2^{[2\ \ 1]}$$

$$(1\ \ 2)E_2^{[2\ \ 1]}=-(1)+(1\ \ 2)-(1\ \ 2\ \ 3)+(1\ \ 3\ \ 2)$$

$$(1\ \ 3)E_2^{[2\ \ 1]}=E_2^{[2\ \ 1]}$$

$$(2\ \ 3)E_2^{[2\ \ 1]}=-E_2^{[2\ \ 1]}-(1\ \ 2)E_2^{[2\ \ 1]}$$

$$(1\ \ 2\ \ 3)E_2^{[2\ \ 1]}=-E_2^{[2\ \ 1]}-(1\ \ 2)E_2^{[2\ \ 1]}$$

$$(1\ \ 3\ \ 2)E_2^{[2\ \ 1]}=(1\ \ 2)E_2^{[2\ \ 1]}$$

如果取 $E_2^{[2\ \ 1]}$ 和 $(1\ \ 2)E_2^{[2\ \ 1]}$ 为 $R_G E_2^{[2\ \ 1]}$ 的基，即

$$E_2^{[2\ \ 1]}=\begin{pmatrix}1\\ 0\end{pmatrix},\quad (1\ \ 2)E_2^{[2\ \ 1]}=\begin{pmatrix}0\\ 1\end{pmatrix}$$

也可以算出 S_3 群元的表示矩阵 $U^{[2\ \ 1]}(s)$：

$$\because (1\ \ 2)E_2^{[2\ \ 1]}=-(1)+(1\ \ 2)-(2\ \ 3)+(1\ \ 3\ \ 2)=0\times E_2^{[2\ \ 1]}+1\times(1\ \ 2)E_2^{[2\ \ 1]}$$

$$(1\ \ 2)(1\ \ 2)E_1^{[2\ \ 1]}=1\times E_2^{[2\ \ 1]}+0\times(1\ \ 2)E_2^{[2\ \ 1]}$$

$$\therefore U^{[2\ \ 1]}((1\ \ 2))=\begin{pmatrix}0 & 1\\ 1 & 0\end{pmatrix}$$

$$\because (1\ \ 3)E_2^{[2\ \ 1]}=E_2^{[2\ \ 1]}=1\times E_2^{[2\ \ 1]}+0\times(1\ \ 2)E_2^{[2\ \ 1]}$$

$$\begin{aligned}(1\ \ 3)(1\ \ 2)E_2^{[2\ \ 1]}&=-(1\ \ 3)+(2\ \ 3)+(1\ \ 2\ \ 3)-(1\ \ 3\ \ 2)\\&=-E_2^{[2\ \ 1]}-(1\ \ 2)E_2^{[2\ \ 1]}\end{aligned}$$

$$\therefore U^{[2\ \ 1]}((1\ \ 3))=\begin{pmatrix}1 & -1\\ 0 & -1\end{pmatrix}$$

$$\because (2\ \ 3)E_2^{[2\ \ 1]}=-E_2^{[2\ \ 1]}-(1\ \ 2)E_2^{[2\ \ 1]}$$

$$(2\ \ 3)(1\ \ 2)E_2^{[2\ \ 1]}=(1\ \ 2)E_2^{[2\ \ 1]}$$

$$\therefore U^{[2\ \ 1]}((2\ \ 3))=\begin{pmatrix}-1 & 0\\ -1 & 1\end{pmatrix}$$

$$\because (1\ \ 2\ \ 3)E_2^{[2\ \ 1]}=-E_2^{[2\ \ 1]}-(1\ \ 2)E_2^{[2\ \ 1]}$$

$$(1\ \ 2\ \ 3)(1\ \ 2)E_2^{[2\ \ 1]}=E_2^{[2\ \ 1]}$$

$$\therefore U^{[2\ \ 1]}((1\ \ 2\ \ 3)) = \begin{pmatrix} -1 & 1 \\ -1 & 0 \end{pmatrix}$$

$$\because (1\ \ 3\ \ 2)E_2^{[2\ \ 1]} = (1\ \ 2)E_2^{[2\ \ 1]}$$

$$(1\ \ 3\ \ 2)(1\ \ 2)E_2^{[2\ \ 1]} = -E_2^{[2\ \ 1]} - (1\ \ 2)E_2^{[2\ \ 1]}$$

$$\therefore U^{[2\ \ 1]}((1\ \ 3\ \ 2)) = \begin{pmatrix} 0 & -1 \\ 1 & -1 \end{pmatrix}$$

可以证明，以上两组基矢上的表示是等价的。

习　题

1. 写出 S_3 的乘法表。
2. 把 $(1\ \ 2)(2\ \ 3)(1\ \ 2)$ 转化为没有公共数码的轮换的乘积。
3. 求 $(1\ \ 2\ \ 3\ \ 4)^{-1}$。
4. 列出 S_4 的所有杨图及与每个杨图所包括的标准盘相联系的杨算子。
5. 利用杨图求 S_4 的不可约表示。
6. 列出 S_6 的所有杨图。
7. 列出 S_3 和 S_4 的特征标表。
8. 计算 S_5 不可约表示[3　2]直积分解的 C-G 系数。
9. S_3 有 3 个类算子：$C_1 = e$，$C_2 = (1\ \ 2) + (1\ \ 3) + (2\ \ 3)$，$C_3 = (1\ \ 2\ \ 3) + (1\ \ 3\ \ 2)$，求 3 个类算子的正则表示。
10. S_4 有 5 个类算子：

$$C_1 = e$$

$$C_2 = \sum_{j>i=1}^{4} (i\ \ j)$$

$$C_3 = \sum_{k>j>i=1}^{4} [(i\ \ j\ \ k) + (i\ \ k\ \ j)]$$

$$C_4 = (1\ \ 2\ \ 3\ \ 4) + (1\ \ 2\ \ 4\ \ 3) + (1\ \ 3\ \ 2\ \ 4) + (1\ \ 4\ \ 2\ \ 3) + (1\ \ 4\ \ 3\ \ 2)$$

$$C_5 = (1\ \ 2)(3\ \ 4) + (1\ \ 3)(2\ \ 4) + (1\ \ 4)(2\ \ 3)$$

求 C_2 的正则表示。

第 6 章　李群的基础知识

6.1 李　群

李群是挪威数学家 M.S. Lie 创立的一类群。李群理论在初期仅与一些微分方程或偏微分方程的积分问题相联系，而与数学其他分支关系不大。自 19 世纪 20 年代以来，李群理论得到迅速发展，现已成为数学的一个重要分支。

根据侧重点不同，李群可以用不同方式等价定义。这里只讨论李群的代数性质。物理上仅限于讨论线性李群，因此，可以用向量空间的线性变换或非奇异矩阵定义。

6.1.1 李群的概念

设群 G，如果存在映射 $g: K\times K\times\cdots\times K = K^r \to G$，使得

$$g(\alpha_1,\alpha_2,\cdots,\alpha_r) = g(\boldsymbol{\alpha})\in G \tag{6.1}$$

其中 $\boldsymbol{\alpha} = (\alpha_1,\alpha_2,\cdots,\alpha_r)\in K\times K\times\cdots\times K = K^r$。而 $K=R$ (或 C) 是实数域 (或复数域)。如果群的操作，如映射 $g, g'\in G \Rightarrow gg'\in G$，$g\in G\Rightarrow g^{-1}\in G$ 等都是解析的，则 G 是一个李群。

李群的维数为李群中独立参数的个数。可以选择参数使 $\boldsymbol{\alpha}=0$ 对应李群的单位元 $g(0)=e$，$g(\alpha)g(\beta)=g(\gamma)=g[f(\alpha,\beta)]$，其中 $\gamma=f(\alpha,\beta)$ 是 α,β 的连续可微函数，它由 α,β 和群的乘法决定。由于群的乘法一般是不可交换的，所以 $f(\alpha,\beta)\neq f(\beta,\alpha)$。另外，由 $g(0)=e$，可以得出

$$g(\alpha)\cdot g(0) = g(0)\cdot g(\alpha) = g(\alpha)$$

所以 $f(\alpha,0)=f(0,\alpha)=\alpha$。如果记 $g(\alpha)^{-1}=g(\alpha^{-1})$，则由

$$g(\alpha)\cdot g(\alpha)^{-1} = g(\alpha\cdot\alpha^{-1}) = g(0) = e$$

可知 $f(\alpha,\alpha^{-1}) = f(\alpha^{-1},\alpha)=0$。再由结合律

$$g(\alpha)\cdot\left[g(\beta)\cdot g(\gamma)\right] = \left[g(\alpha)\cdot g(\beta)\right]\cdot g(\gamma)$$

可以得出 $f[\alpha, f(\beta,\gamma)] = f[f(\alpha,\beta),\gamma]$。

通常李群可以用具有 r 个参数的 $n\times m$ 矩阵表示，这些矩阵可以看成 n 维空间的线性变换。

6.1.2　李群举例

例 6.1.1　一维实空间的标度变换 $x' = \alpha\alpha$，$\alpha \neq 0$。变换的全体构成群，称为单参数李群，单位元为 $\alpha = 1$，逆元 $\alpha^{-1} = \dfrac{1}{\alpha}$。再由 $x' = \beta x$，$x'' = \alpha x' = \alpha\beta x = \gamma x$，可以得出群的乘法 $\gamma = f(\alpha,\beta) = \alpha\beta = \beta\alpha$。因此，$\gamma$ 是 α,β 的解析函数。变换全体构成群，而且是阿贝尔群。

例 6.1.2　一维实空间的非齐次线性变换

$$x' = a_1 x + a_2,\quad a_1 \neq 0 \tag{6.2}$$

构成 2 参数李群。这里，单位元 $\alpha = (\alpha_1,\alpha_2) = (1,0)$，逆元 $\alpha^{-1} = (\alpha_1,\alpha_2)^{-1} = \left(\dfrac{1}{\alpha_1}, -\dfrac{\alpha_2}{\alpha_1}\right)$。由连续变换 $x' = \beta_1 x + \beta_2$，$x'' = \alpha_1 x' + \alpha_2$ 可得 $x'' = \alpha_1\beta_1 x + \alpha_1\beta_2 + \alpha_2$。

于是可得群的乘法为

$$\gamma = (\gamma_1,\gamma_2) = f(\alpha,\beta) = (\alpha_1\beta_1, \alpha_1\beta_2 + \alpha_2)$$

由此可见，γ 也是 α,β 的解析函数。很显然，该群为非阿贝尔群。

一维非齐次线性变换又可以写成矩阵形式

$$\begin{pmatrix} x \\ 1 \end{pmatrix} \rightarrow \begin{pmatrix} x' \\ 1 \end{pmatrix} = \begin{pmatrix} \alpha_1 & \alpha_2 \\ 1 & 1 \end{pmatrix}\begin{pmatrix} x \\ 1 \end{pmatrix} \tag{6.3}$$

例 6.1.3　二维实空间一般线性变换群 $GL(2,R)$ 定义为

$$\begin{cases} x_1' = a_{11}x_1 + a_{12}x_2, \\ x_2' = a_{21}x_1 + a_{22}x_2, \end{cases} \quad 其中 \begin{vmatrix} a_{11} & a_{12} \\ a_{21} & a_{22} \end{vmatrix} \neq 0 \tag{6.4}$$

该群为 4 参数李群。如果向量记为

$$x = \begin{pmatrix} x_1 \\ x_2 \end{pmatrix},\quad \alpha = \begin{pmatrix} \alpha_{11} & \alpha_{12} \\ \alpha_{21} & \alpha_{22} \end{pmatrix}$$

则变换可写成 2×2 矩阵形式：

$$x' = \alpha x,\quad \det\alpha \neq 0 \tag{6.5}$$

单位元 $e = I$ (单位矩阵)，逆元为逆矩阵。群的乘法为通常的矩阵乘法：$\gamma = \alpha\cdot\beta$。因为矩阵乘法一般不对易，所以 $GL(2,R)$ 是非阿贝尔群。

例 6.1.4 n 维空间的一般线性变换群 $GL(n,C)$ 或 $GL(n,R)$ 定义为

$$x=\begin{pmatrix} x_1 \\ x_2 \\ \vdots \\ x_{n-1} \\ x_n \end{pmatrix},\quad \alpha=\begin{pmatrix} \alpha_{11} & \alpha_{12} & \cdots & \alpha_{1n} \\ \alpha_{21} & \alpha_{22} & \cdots & \alpha_{2n} \\ \vdots & \vdots & \vdots & \vdots \\ \alpha_{n1} & \alpha_{n2} & \cdots & \alpha_{nn} \end{pmatrix} \tag{6.6}$$

一般线性变换可以写为 $n\times n$ 矩阵，$x'=\alpha x$, $\det\alpha\neq 0$。该群为非阿贝尔群，单位元为 $n\times n$ 单位矩阵，逆元为矩阵的逆，共有 n^2 个矩阵元。$GL(n,C)$ 具有 $2n^2$ 个实参数，$GL(n,R)$ 具有 n^2 个实参数。

例 6.1.5 n 维空间的特殊线性变换群 $SL(n,C)$ 或 $SL(n,R)$ 定义为

$$x'=\alpha x,\quad \det\alpha=1 \tag{6.7}$$

由 $\det(\alpha\beta)=\det\alpha\det\beta$ 知，该群是由行列式为 1 的全体变换构成的群。

如果 α 是复矩阵，则 $\det\alpha=1$ 给出 2 个方程。因此，$SL(n,C)$ 具有 $2n^2-2$ 个实参数，而 $SL(n,R)$ 具有 n^2-1 个实参数。

另外，由以上可知

$$SL(n,R)\subset SL(n,C)\subset GL(n,C) \tag{6.8}$$

$$SL(n,R)\subset GL(n,R)\subset GL(n,C) \tag{6.9}$$

例 6.1.6 幺正群 $U(n,C)=U(n)$ 定义为复空间上幺正变换构成的群，

$$z'=\alpha z,\quad \alpha^{\dagger}\alpha=I \tag{6.10}$$

其中 $z=\begin{pmatrix} z_1 \\ z_2 \\ \vdots \\ z_n \end{pmatrix}$ 为复 n 维空间的位矢。

由幺正条件得

$$(\alpha^{\dagger}\alpha)_{ii}=\sum_{j=1}^{n}\alpha_{ij}^{\dagger}\alpha_{ji}=\sum_{j=1}^{n}\alpha_{ji}^{*}\alpha_{ji}=\sum_{j=1}^{n}|\alpha_{ji}|^2=1,\quad i=1,2,\cdots,n \tag{6.11}$$

$$(\alpha^{\dagger}\alpha)_{ij}=\sum_{k=1}^{n}\alpha_{ik}^{\dagger}\alpha_{kj}=\sum_{k=1}^{n}\alpha_{ki}^{*}\alpha_{kj}=0,\quad i,j=1,2,\cdots,n \tag{6.12}$$

总共有 n^2 个约束方程，因此独立参数的个数为 $2n^2-n^2=n^2$。

另外，由幺正条件

$$\alpha^{-1}\alpha=I,\quad \det(a^{\dagger}\alpha)=|\det\alpha|^2=1$$

可得

$$\det\alpha = e^{i\delta}$$

所以

$$\left|\alpha_{ij}\right|^2 \leqslant 1, \quad i,j=1,2,\cdots,n \tag{6.13}$$

这表明群参数只能在一定有限区间内取值。具有该性质的群称为紧致李群。$U(n)$ 群是紧致的，但 $SL(n,C)$ 和 $SL(n,R)$ 是非紧致的。取 $z'^{\dagger} = z^{\dagger}\alpha^{\dagger}, z' = \alpha z$，则

$$z'^{\dagger}z' = z^{\dagger}\alpha^{\dagger}\alpha = z^{\dagger}z$$

即

$$|z_1'|^2 + |z_2'|^2 + \cdots + |z_n'|^2 = |z_1|^2 + |z_2|^2 + \cdots + |z_n|^2 \tag{6.14}$$

也就是说，幺正群 $U(n)$ 是保持复 n 维空间向量模平方不变的变换群。

因为 $SU(n)$ 要加上 $\det\alpha = e^{i\delta} = 1$ (即 $\delta = 0$) 的条件，使独立参数减少为 n^2-1 个。

$U(1)$ (电磁相互作用理论的对称群)、$SU(2)$ ($SU(2)\times U(1)$ 为电弱统一理论的对称群)、$SU(3)$ (强相互作用理论的对称群) 是粒子物理中最常见的李群。

例 6.1.7　$U(p,q)$ 群。定义 n 维复空间中向量长度的平方为

$$|z|^2 = |z_1|^2 + |z_2|^2 + \cdots + |z_p|^2 - |z_{p+1}|^2 - |z_{p+2}|^2 - \cdots - |z_{p+q}|^2 = \sum_{i,j=1}^{n=p+q} g_{ij} z_i^* z_j \tag{6.15}$$

其中度规张量

$$g_{ij} = \begin{cases} 1, & i = 1,2,\cdots,p \\ -1, & i = j = p+1, p+2, \cdots, p+q = n \\ 0, & i \neq j \end{cases} \tag{6.16}$$

则所有保持 $|z|^2$ 不变的变换全体构成群，记为 $U(p,q)$ 群。

由

$$\begin{aligned} |z'|^2 &= \sum_{i,j=1}^{n} g_{ij} z_i'^* z_j' = \sum_{i,j=1}^{n}\sum_{l,m=1}^{n} \alpha_{il}^* z_l^* \alpha_{jm} z_m \\ &= \sum_{i,j,l,m} \alpha_{il}^{+} g_{ij} \alpha_{jm} z_l^* z_m = \sum_{l,m} (\alpha^{+} g \alpha)_{lm} z_l^* z_m \\ &= \sum_{l,m} g_{lm} z_l^* z_m = |z|^2 \end{aligned}$$

给出约束条件为

$$\alpha^{\dagger} g a = g \tag{6.17}$$

或者说满足

$$z' = \alpha z, \quad \alpha^{\dagger} g \alpha = g \tag{6.18}$$

的全体变换 α 构成 $U(p,q)$ 群，并且有

$$(\alpha\beta)^{\dagger} g(\alpha\beta) = \beta^{\dagger}\alpha^{\dagger} g\alpha\beta = \beta^{\dagger} g\beta = g$$

如果加上附加条件 $\det\alpha = 1$，就成为 $SU(p,q)$ 群。

例 6.1.8 定义实正交群 $O(n,R) = O(n)$ 为所有 $n\times n$ 实正交矩阵构成的群。

因为

$$x' = \alpha x, \quad \alpha^{\mathrm{T}}\alpha = I \tag{6.19}$$

所以

$$(\alpha^{\mathrm{T}}\alpha)_{ii} = \sum_{j=1}^{n}\alpha_{ij}^{\mathrm{T}}\alpha_{ji} = \sum_{j=1}^{n}\alpha_{ji}^{2} = 1, \quad i = 1,2,\cdots,n \tag{6.20}$$

$$(\alpha^{\mathrm{T}}\alpha)_{ij} = \sum_{k=1}^{n}\alpha_{ik}^{\mathrm{T}}\alpha_{kj} = \sum_{k=1}^{n}\alpha_{ki}\alpha_{kj} = 0, \quad i,j = 1,2,\cdots,n \tag{6.21}$$

由于 α 具有 n^2 个矩阵元，上述方程给出 $n + \frac{n(n-1)}{2} = \frac{n(n-1)}{2}$ 个约束，所以独立参数的个数为 $n^2 - \frac{n(n-1)}{2} = \frac{n(n-1)}{2}$。

很容易证明实正交矩阵的全体构成群，即

$$(\alpha\beta)^{\mathrm{T}}(\alpha\beta) = \beta^{\mathrm{T}}\alpha^{\mathrm{T}}\alpha\beta = I$$

对正交条件 $\alpha^{\mathrm{T}}\alpha = I$ 取行列式，得

$$\det(\alpha^{\mathrm{T}}\alpha) = (\det\alpha)^2 = 1$$

即

$$\det\alpha = \pm 1 \tag{6.22}$$

由此可见，正交群 $O(n)$ 群有 2 个不连通的分支，一支满足 $\det\alpha = 1$，另一支满足 $\det\alpha = -1$。满足 $\det\alpha = 1$ 的分支，记为 $SO(n)$，它是 $O(n)$ 的子群。$SO(n)$ 群中独立参数个数与 $O(n)$ 相同，行列式为 1 没有给出新的约束条件。

由 $x' = \alpha x$ 得

$$x'^{\mathrm{T}}x' = x^{\mathrm{T}}\alpha^{\mathrm{T}}\alpha x = x^{\mathrm{T}}x$$

即

$$x_1'^2 + x_2'^2 + \cdots + x_n'^2 = x_1^2 + x_2^2 + \cdots + x_n^2 \tag{6.23}$$

故正交群 $O(n)$ 是保持 n 维实空间向量模长平方不变的变换群。

类似地，保持

$$x_1^2 + x_2^2 + \cdots + x_p^2 - x_{p+1}^2 - \cdots - x_{p+q}^2 \tag{6.24}$$

不变的变换群称为$O(p,q)$群。洛伦兹群即为$O(3,1)$群。如果要求$\det\alpha=1$，则得$SO(p,q)$群。$O(n)$群是紧致群，但$O(p,q)$是非紧致群。

例 6.1.9　辛群$Sp(2n,C)$。定义一个$2n$维空间中的$2n\times 2n$反对称非奇异度规张量

$$g^{\mathrm{T}}=-g,\quad \det g=1 \tag{6.25}$$

取$g=\begin{pmatrix}0 & I_n\\ -I_n & 0\end{pmatrix}$，$I_n$为$n\times n$单位矩阵。则保持双线性形式

$$\sum_{i,j=1}^{2n}g_{ij}x^i y^j=\sum_{i,j=1}^{2n}g_{ij}x'^i y'^j \tag{6.26}$$

不变的全体变换构成群，称为辛群，记$Sp(2n,C)$。由

$$\sum_{i,j=1}^{2n}g_{ij}x^i y^j=x^{\mathrm{T}}gy=x'^{\mathrm{T}}gy'=x^{\mathrm{T}}\alpha^{\mathrm{T}}g\alpha y$$

得到约束

$$\alpha^{\mathrm{T}}g\alpha=g \tag{6.27}$$

取行列式$\det\alpha=\pm1$，可以证明，实际上$\det\alpha=1$。为此，可以构造一个在$Sp(2n,C)$作用下的不变量

$$\begin{aligned}T&=\varepsilon_{\mu_1\mu_2\cdots\mu_{2n}}x^{\mu_1\mathrm{T}}gx^{\mu_2}\cdots x^{\mu_{2n-1}\mathrm{T}}gx^{\mu_{2n}}\\&=\varepsilon_{\mu_1\mu_2\cdots\mu_{2n}}g_{\nu_1\nu_2}x^{\mu_1\nu_1}x^{\mu_2\nu_2}\cdots x^{\mu_{2n-1}\nu_{2n-1}}x^{\mu_{2n}}x^{\nu_{2n}}\\&=g_{\nu_1\nu_2}\cdots g_{\nu_{2n-1}\nu_{2n}}\varepsilon_{\mu_1\mu_2\cdots\mu_{2n}}x^{\mu_1\nu_1}x^{\mu_2\nu_2}\cdots x^{\mu_{2n-1}\nu_{2n-1}}x^{\mu_{2n}}x^{\nu_{2n}}\end{aligned} \tag{6.28}$$

其中$x^{\mu_j\nu_j}$代表向量x^{μ_j}的第ν_j个分量。

$$T=g_{\nu_1\nu_2\cdots\nu_{2n-1}\nu_{2n}}\varepsilon^{\nu_1\nu_2\cdots\nu_{2n-1}\nu_{2n}}\det x=2^n n!\det x \tag{6.29}$$

x是由向量x^{μ_i}排成的矩阵。

因为T在$Sp(2n,C)$群的变换下不变，即$T=2^n n!\det(\alpha x)$，所以$\det\alpha=1$。因为g反对称，所以$\alpha^{\mathrm{T}}g\alpha$也反对称，即

$$(\alpha^{\mathrm{T}}g\alpha)^{\mathrm{T}}=\alpha^{\mathrm{T}}g^{\mathrm{T}}\alpha=-\alpha^{\mathrm{T}}g\alpha \tag{6.30}$$

因此可得$\dfrac{2n(2n-1)}{2}$个复数约束方程。独立实参数的个数为$2(2n)^2-2n(2n-1)=2n(2n+1)$。$Sp(2n,C)$群是紧致李群。

如果要求幺正变换

$$\alpha^{\mathrm{T}}g\alpha=g,\quad \alpha^{\dagger}\alpha=I \tag{6.31}$$

则得到幺正辛群$U_{Sp(2n)}$。特别是$U_{Sp(2)}=SU(2)$也是紧致李群。

以上介绍的$SO(n)$，$SU(n)$，$Sp(2n)$都是经典李群。此外，还有G_2，F_4，E_6，E_7，E_8为例外群。

6.2 李群的生成元

6.2.1 无穷小生成元

设G是一个r参数李群，$g(\alpha_1,\alpha_2,\cdots,\alpha_r)=g(\alpha)\in G,\alpha=(\alpha_1,\alpha_2,\cdots,\alpha_r)\in R^r$或$C^r$。因为$g(\alpha)$是$\alpha$的解析函数，所以可在$\alpha=0$附近做泰勒展开，并取$g(0)=e=I$，

$$g(\alpha)=g(0)+\sum_{i=1}^{r}\alpha_i\left.\frac{\partial g(\alpha)}{\partial\alpha_i}\right|_{\alpha=0}+\frac{1}{2!}\sum_{i,j=1}^{r}\alpha_i\alpha_j\left.\frac{\partial^2 g(\alpha)}{\partial\alpha_i\partial\alpha_j}\right|_{\alpha=0}+\cdots$$

$$=I+\alpha_i X_i+\frac{1}{2}\alpha_i\alpha_j X_{ij}+\cdots \tag{6.32}$$

其中

$$X_i=\left.\frac{\partial g(\alpha)}{\partial\alpha_i}\right|_{\alpha=0} \tag{6.33}$$

被称为李群的无穷小生成元。另外，

$$X_{ij}=\left.\frac{\partial^2 g(\alpha)}{\partial\alpha_i\partial\alpha_j}\right|_{\alpha=0}$$

逆元的展开为

$$g(\alpha)^{-1}=I-\alpha_i X_i-\frac{1}{2}\alpha_i\alpha_j X_{ij}-\cdots \tag{6.34}$$

所以

$$\begin{aligned}&g(\beta)^{-1}g(\gamma)^{-1}g(\beta)g(\gamma)\\&=\left[I-\beta_i X_i-\frac{1}{2}\beta_i\beta_j X_{ij}-\cdots\right]\left[I-\gamma_k X_k-\frac{1}{2}\gamma_k\gamma_l X_k X_l-\cdots\right]\\&\quad\times\left[I+\beta_m X_m+\frac{1}{2}\beta_m\beta_n X_{mn}+\cdots\right]\cdot\left[I+\gamma_p X_p+\frac{1}{2}\gamma_p\gamma_q X_{pq}+\cdots\right]\\&=I+\beta_i\gamma_j[X_i,X_j]+\cdots\end{aligned} \tag{6.35}$$

由于群的封闭性，

$$g(\beta)^{-1}g(\gamma)^{-1}g(\beta)g(\gamma)=I+\beta_i\gamma_j[X_i,X_j]+\cdots=g(\alpha)=I+\alpha_i X_i+\cdots$$

所以

$$[X_i, X_j] = C_{ij}^k X_k \tag{6.36}$$

其中 C_{ij}^k 称为李群的结构常数，$\alpha_k = C_{ij}^k \beta_{i\gamma_j}$。

6.2.2　李群的生成

例 6.2.1　以 $SO(2)$ 为例，群元为

$$g(\phi) = \begin{pmatrix} \cos\phi & -\sin\phi \\ \sin\phi & \cos\phi \end{pmatrix}$$

无穷小生成元为

$$X = \left.\frac{\partial g(\phi)}{\partial \phi}\right|_{\phi=0} = \begin{pmatrix} -\sin\phi & -\cos\phi \\ \cos\phi & -\sin\phi \end{pmatrix}_{\phi=0} = \begin{pmatrix} 0 & -1 \\ 1 & 0 \end{pmatrix} \tag{6.37}$$

考虑 z 轴转一个小角度 $\delta\phi$，

$$g(\delta\phi) = I + \delta\phi X + \cdots \approx \begin{pmatrix} 1 & 0 \\ 0 & 1 \end{pmatrix} + \delta\phi \begin{pmatrix} 0 & -1 \\ 1 & 0 \end{pmatrix} \tag{6.38}$$

令 $\delta\phi = \dfrac{\phi}{N}, N \gg 1$，则

$$g(\phi) = g\left(N \cdot \frac{\phi}{N}\right) = g\left(\frac{\phi}{N} + \cdots + \frac{\phi}{N}\right) = g\left(\frac{\phi}{N}\right) \cdots g\left(\frac{\phi}{N}\right) \approx \left(1 + \frac{1}{N}\phi X\right)^N \tag{6.39}$$

取极限 $N \to \infty$，则

$$g(\phi) = \lim_{N\to\infty}\left(I + \frac{1}{N}\phi X\right)^N = \exp(\phi X) = \sum_{n=0}^{\infty} \frac{1}{n!}(\phi X)^n \tag{6.40}$$

因为

$$X^2 = \begin{pmatrix} 0 & -1 \\ 1 & 0 \end{pmatrix}\begin{pmatrix} 0 & -1 \\ 1 & 0 \end{pmatrix} = -\begin{pmatrix} 1 & 0 \\ 0 & 1 \end{pmatrix} = -I, \quad X^3 = -X$$

所以

$$\begin{aligned} g(\phi) &= \sum_{n=0}^{\infty} \frac{1}{n!}(\phi X)^n \\ &= \sum_{m=0}^{\infty} \frac{(\phi X)^{2m}}{(2m)!} + \sum_{m=0}^{\infty} \frac{(\phi X)^{2m+1}}{(2m+1)!} \\ &= \sum_{m=0}^{\infty} \frac{(-1)^m \phi^{2m}}{(2m)!} I + \sum_{m=0}^{\infty} \frac{(-1)^m \phi^{2m+1}}{(2m+1)!} X \end{aligned}$$

$$=I\cos\phi+X\sin\phi=\begin{pmatrix}\cos\phi & -\sin\phi\\ \sin\phi & \cos\phi\end{pmatrix} \tag{6.41}$$

因此，由无穷小生成元可以得到与单位元连通的群元的一般形式。

例 6.2.2 对于 $SO(3)$，无穷小生成元形式为 $g=I+\varepsilon$。由正交条件 $g^{\mathrm{T}}g=I$，可以得出 $\varepsilon^{\mathrm{T}}=-\varepsilon$，其中 ε 为 3×3 的 3 参数反对称矩阵

$$\varepsilon=\begin{pmatrix}0 & -\alpha_3 & \alpha_2\\ \alpha_3 & 0 & -\alpha_1\\ -\alpha_2 & \alpha_1 & 0\end{pmatrix}=\alpha_1X_1+\alpha_2X_2+\alpha_3X_3 \tag{6.42}$$

因此，可得无穷小生成元

$$X_1=\begin{pmatrix}0&0&0\\0&0&-1\\0&1&0\end{pmatrix},\quad \begin{pmatrix}0&0&1\\0&0&0\\-1&0&0\end{pmatrix},\quad \begin{pmatrix}0&-1&0\\1&0&0\\0&0&0\end{pmatrix}。 \tag{6.43}$$

直接计算给出

$$[X,X_2]=X_3,\quad [X_2,X_3]=X_1,\quad [X_3,X_1]=X_2$$

可以统一写成 $[X_i,X_j]=\varepsilon_{ijk}X_k$，其中 ε_{ijk} 为三阶反对称张量，满足 $\varepsilon_{ijk}=1$。$SO(3)$ 一般群元可以表示为

$$g(\alpha_1,\alpha_2,\alpha_3)=\exp(\alpha_1X_1+\alpha_2X_2+\alpha_3X_3) \tag{6.44}$$

再看 $SU(2)$，它也是 3 参数李群，如令 $g=I+\varepsilon$，因为

$$g^{\dagger}=g^{-}=I-\varepsilon,\quad g^{\dagger}g=I$$

所以 $\varepsilon^{\dagger}=-\varepsilon$，即 ε 是 2×2 的 3 参数反厄米矩阵

$$\varepsilon=\frac{1}{2}\begin{pmatrix}i\alpha_3 & -\alpha_2+i\alpha_1\\ \alpha_2+i\alpha_1 & -i\alpha_3\end{pmatrix}=\alpha_1X_1+\alpha_2X_2+\alpha_3X_3 \tag{6.45}$$

因此，无穷小生成元为

$$\begin{cases}X_1=\dfrac{1}{2}\begin{pmatrix}0&i\\i&0\end{pmatrix}=\dfrac{i}{2}\begin{pmatrix}0&1\\1&0\end{pmatrix}=\dfrac{i}{2}\sigma_1\\[2ex] X_2=\dfrac{1}{2}\begin{pmatrix}0&-1\\1&0\end{pmatrix}=\dfrac{-i}{2}\begin{pmatrix}0&-i\\i&0\end{pmatrix}=\dfrac{-i}{2}\sigma_2\\[2ex] X_3=\dfrac{1}{2}\begin{pmatrix}i&0\\0&-i\end{pmatrix}=\dfrac{i}{2}\begin{pmatrix}1&0\\0&-1\end{pmatrix}=\dfrac{i}{2}\sigma_3\end{cases} \tag{6.46}$$

因为

$$[\sigma_i,\sigma_j]=2i\varepsilon_{ijk}\sigma_k,\quad \{\sigma_i,\sigma_j\}=2\delta_{ij}$$

容易证明

$$[X_i, X_j] = \varepsilon_{ijk} X_k$$

由上可知，$SO(3)$ 和 $SU(2)$ 的无穷小生成元满足完全相同的对易关系，所以 $SO(3)$ 和 $SU(2)$ 对应的李代数同构。$SU(2)$ 群元的一般形式可以写为

$$g(\alpha_1, \alpha_2, \alpha_3) = \exp(\alpha_1 X_1 + \alpha_2 X_2 + \alpha_3 X_3) = \exp(\alpha_1' \sigma_1 + \alpha_2' \sigma_2 + \alpha_3' \sigma_3)$$

例 6.2.3　$SU(3)$ 群。该群有 8 个参数，群元可以写为 $g = I + \varepsilon$。

由 $g^\dagger = g^- = I - \varepsilon$，加上 $g^\dagger g = I$，可以得出 $\varepsilon^\dagger = -\varepsilon$。因此可以将 ε 写成反厄米形式：

$$\varepsilon = \frac{i}{2}\begin{pmatrix} \alpha_3 + \frac{\alpha_8}{\sqrt{3}} & \alpha_1 - i\alpha_2 & \alpha_4 - i\alpha_5 \\ \alpha_1 + i\alpha_2 & -\alpha_3 + \frac{\alpha_8}{\sqrt{3}} & \alpha_6 - i\alpha_7 \\ \alpha_4 + i\alpha_5 & \alpha_6 + i\alpha_7 & -\frac{2\alpha_8}{\sqrt{8}} \end{pmatrix} \tag{6.47}$$

由

$$\varepsilon = \alpha_1 X_1 + \alpha_2 X_2 + \cdots + \alpha_8 X_8 \tag{6.48}$$

可以直接得出

$$X_1 = \frac{i}{2}\begin{pmatrix} 0 & 1 & 0 \\ 1 & 0 & 0 \\ 0 & 0 & 0 \end{pmatrix} = \frac{i}{2}\lambda_1, \quad X_2 = \frac{i}{2}\begin{pmatrix} 0 & -i & 0 \\ i & 0 & 0 \\ 0 & 0 & 0 \end{pmatrix} = \frac{i}{2}\lambda_2$$

$$X_3 = \frac{i}{2}\begin{pmatrix} 1 & 0 & 0 \\ 0 & -1 & 0 \\ 0 & 0 & 0 \end{pmatrix} = \frac{i}{2}\lambda_3, \quad X_4 = \frac{i}{2}\begin{pmatrix} 0 & 0 & 1 \\ 0 & 0 & 0 \\ 1 & 0 & 0 \end{pmatrix} = \frac{i}{2}\lambda_4$$

$$X_5 = \frac{i}{2}\begin{pmatrix} 0 & 0 & -i \\ 0 & 0 & 0 \\ i & 0 & 0 \end{pmatrix} = \frac{i}{2}\lambda_5, \quad X_6 = \frac{i}{2}\begin{pmatrix} 0 & 0 & 0 \\ 0 & 0 & 1 \\ 0 & 1 & 0 \end{pmatrix} = \frac{i}{2}\lambda_6$$

$$X_7 = \frac{i}{2}\begin{pmatrix} 0 & 0 & 0 \\ 0 & 0 & -i \\ 0 & i & 0 \end{pmatrix} = \frac{i}{2}\lambda_7, \quad X_8 = \frac{i}{2\sqrt{3}}\begin{pmatrix} 1 & 0 & 0 \\ 0 & 1 & 0 \\ 0 & 0 & -2 \end{pmatrix} = \frac{i}{2}\lambda_8$$

其中 $\lambda_i (i = 1, 2, \cdots, 8)$ 为盖尔曼矩阵，$[\lambda_i, \lambda_j] = 2if_{ijk}\lambda_k$，$f_{ijk}$ 为盖尔曼系数。因此

$$\begin{aligned} g(\alpha_1, \alpha_2, \cdots, \alpha_8) &= \exp(\alpha_1 X_1 + \alpha_2 X_2 + \cdots + \alpha_8 X_8) \\ &= \exp\left(\frac{i}{2}\alpha_1 \lambda_1 + \cdots + \frac{i}{2}\alpha_8 X_8\right) \end{aligned} \tag{6.49}$$

例 6.2.4 考虑对空间坐标函数的变换，$g:\boldsymbol{r}\to\boldsymbol{r}', g\in G$，其中 $\boldsymbol{r}$ 和 $\boldsymbol{r}'$ 均为 n 维空间向量。对于无穷小变换 $g=I+\varepsilon$，有

$$\boldsymbol{r}'=g\boldsymbol{r}=(I+\varepsilon)\boldsymbol{r}=\boldsymbol{r}+\varepsilon\boldsymbol{r} \tag{6.50}$$

其中 ε 是具有 r 个小参数的 $n\times n$ 矩阵。

$$d\boldsymbol{r}=\boldsymbol{r}'-\boldsymbol{r}=\varepsilon\boldsymbol{r} \tag{6.51}$$

写成分量形式为

$$dx_i=\varepsilon_{ij}x_j \tag{6.52}$$

用小参数重新展开为

$$dx_i=\varepsilon_{ij}x_j=\sum_{\lambda=1}^{r}U_{\lambda,i}(x)\delta\alpha_\lambda=U_{\lambda,i}(x)\delta\alpha_\lambda \tag{6.53}$$

定义无穷小算子

$$\widehat{X}_\lambda=\sum_{i=1}^{n}U_{\lambda,i}(x)\frac{\partial}{\partial x_i}=U_{\lambda,i}(x)\frac{\partial}{\partial x_i} \tag{6.54}$$

易证 $[\widehat{X}_\mu,\widehat{X}_\nu]=C_{\mu\nu}^{\lambda}\widehat{X}_\lambda$，其中 $C_{\mu\nu}^{\lambda}$ 为李群结构参数。容易证明 $C_{\mu\nu}^{\lambda}$ 与参数 α 无关，即

$$\frac{\partial}{\partial\alpha_\tau}C_{\mu\nu}^{\lambda}=0 \tag{6.55}$$

给定函数 $F(\boldsymbol{r})$，当进行坐标变换 $\boldsymbol{r}\to\boldsymbol{r}'=\boldsymbol{r}+d\boldsymbol{r}$ 时，有

$$F(\boldsymbol{r})\to F(\boldsymbol{r}+d\boldsymbol{r})=F(\boldsymbol{r})+dF(\boldsymbol{r}) \tag{6.56}$$

其中

$$dF(\boldsymbol{r})=F(\boldsymbol{r}+d\boldsymbol{r})-F(\boldsymbol{r})=\frac{\partial F(\boldsymbol{r})}{\partial x_i}dx_i=\frac{\partial F(\boldsymbol{r})}{\partial x_i}U_{\lambda,i}(x)\alpha_\lambda$$

利用无穷小算子定义

$$dF(\boldsymbol{r})=\alpha_\lambda U_{\lambda,i}(x)\frac{\partial}{\partial x_i}F(\boldsymbol{r})=\alpha_\lambda\hat{X}_\lambda F(\boldsymbol{r}) \tag{6.57}$$

所以

$$F(\boldsymbol{r}')=F(\boldsymbol{r})+dF(\boldsymbol{r})=(1+\alpha_\lambda\hat{X}_\lambda)F(\boldsymbol{r}) \tag{6.58}$$

对有限变换，有

$$F(\boldsymbol{r}')=\exp(\alpha_\lambda\hat{X}_\lambda)F(\boldsymbol{r}) \tag{6.59}$$

例 6.2.5 对 $SO(2)$，$d\boldsymbol{r}=\boldsymbol{r}'-\boldsymbol{r}=\varepsilon\boldsymbol{r}$ 或 $dx_i=\varepsilon_{ij}x_j$，其中 ε 为单参数 2×2 反对称矩阵

$$\varepsilon = \begin{pmatrix} 0 & -\alpha \\ \alpha & 0 \end{pmatrix} \tag{6.60}$$

因此,

$$\begin{cases} dx_1 = -\alpha x_2 = U_1(x)\alpha \\ dx_2 = \alpha x_1 = U_2(x)\alpha \end{cases} \tag{6.61}$$

即

$$\begin{cases} U_1(x) = -x_2 \\ U_2(x) = x_1 \end{cases} \tag{6.62}$$

由此可得无穷小算子

$$\widehat{X} = U_i(x)\partial_i = x_1 \frac{\partial}{\partial x_2} - x_2 \frac{\partial}{x_1} = i\widehat{L}_3 \tag{6.63}$$

这里 $\hat{L}_3$ 正是角动量算子的第三分量。因此, 平面上绕 z 轴转动和角动量的 z 分量密切相关。如果体系具有平面转动不变, 则体系角动量的 z 分量一定守恒。

例 6.2.6　对 $SO(3)$ 群, 由

$$\varepsilon = \begin{pmatrix} 0 & -\alpha_3 & \alpha_2 \\ \alpha_3 & 0 & -\alpha_1 \\ -\alpha_2 & \alpha_1 & 0 \end{pmatrix}$$

可得

$$\begin{cases} dx_1 = -\alpha_3 x_2 + \alpha_2 x_3 = U_{\lambda,1}(x)\alpha_\lambda \\ dx_2 = \alpha_3 x_1 - \alpha_1 x_3 = U_{\lambda,2}(x)\alpha_\lambda \\ dx_3 = -\alpha_2 x_1 + \alpha_1 x_2 = U_{\lambda,3}(x)\alpha_\lambda \end{cases} \tag{6.64}$$

所以

$$\begin{cases} U_{1,1}(x) = 0, & U_{2,1}(x) = x_3, & U_{3,1}(x) = -x_2 \\ U_{1,2}(x) = -x_3, & U_{2,2}(x) = 0, & U_{3,2}(x) = x_1 \\ U_{1,3}(x) = x_2, & U_{2,3}(x) = -x_1, & U_{3,3}(x) = 0 \end{cases} \tag{6.65}$$

无穷小算子为

$$\begin{cases} \widehat{X}_1 = U_{1,i}(x)\dfrac{\partial}{\partial x_i} = x_2 \dfrac{\partial}{\partial x_3} - x_3 \dfrac{\partial}{\partial x_2} = i\widehat{L}_1 \\ \widehat{X}_2 = U_{2,i}(x)\dfrac{\partial}{\partial x_i} = x_3 \dfrac{\partial}{\partial x_1} - x_1 \dfrac{\partial}{\partial x_3} = i\widehat{L}_2 \\ \widehat{X}_3 = U_{3,i}(x)\dfrac{\partial}{\partial x_i} = x_1 \dfrac{\partial}{\partial x_2} - x_2 \dfrac{\partial}{\partial x_1} = i\widehat{L}_3 \end{cases} \tag{6.66}$$

对易关系为

$$[\hat{X}_1,\hat{X}_2]=-\hat{X}_3,\quad [\hat{X}_2,\hat{X}_3]=-\hat{X}_1,\quad [\hat{X}_3,\hat{X}_1]=-\hat{X}_2 \tag{6.67}$$

或

$$[\hat{L}_i,\hat{L}_j]=i\varepsilon_{ijk}\hat{L}_k \tag{6.68}$$

即 $SO(3)$ 群与体系的角动量密切相关。如果体系具有 $SO(3)$ 对称性，即转动不变，则体系的角动量一定守恒。

例 6.2.7 考虑平移对称，无穷小变换为

$$d\boldsymbol{r}=\boldsymbol{r}'-\boldsymbol{r}=\alpha\,(\text{常数}) \tag{6.69}$$

或

$$dx_i=\alpha_i=U_{\lambda,i}(x)\alpha_\lambda,\quad U_{\lambda,i}\left(x\right)=\delta_{\lambda,i} \tag{6.70}$$

所以无穷小算子为

$$\hat{X}_\lambda=U_{\lambda,i}(x)\frac{\partial}{\partial x_i}=\frac{\partial}{\partial x_\lambda}=i\hat{P}_\lambda \tag{6.71}$$

即

$$\hat{P}_\lambda=-i\frac{\partial}{\partial x_\lambda} \tag{6.72}$$

因此，体系的平移对称与体系的动量密切相关。如果体系具有平移对称，则体系的动量一定守恒。

6.3 洛伦兹群

爱因斯坦狭义相对论把时间和空间统一，提出四维时空的概念。四维时空的对称群为庞加莱群，其中包括洛伦兹群和四维时空的平移。

洛伦兹变换的全体构成群，称为洛伦兹群，或 $O(3,1)$ 群。

6.3.1 洛伦兹变换

四维时空的坐标向量

$$x^\mu=(x^0,\boldsymbol{x})=(ct,\boldsymbol{x})$$

$$x^2=x^\mu x_\mu=g_{\mu\nu}x^\mu x^\nu=\boldsymbol{x}^2-(x^0)^2=\boldsymbol{x}^2-c^2t^2$$

这里，

$$g_{\mu\nu}=\begin{pmatrix}-1&0&0&0\\0&1&0&0\\0&0&1&0\\0&0&0&1\end{pmatrix}$$

一般的洛伦兹变换

$$x^{\mu}\to x'^{\mu}=\Lambda^{\mu}_{\nu}x^{\nu},\quad \mu,\nu=0,1,2,3 \tag{6.73}$$

保持四维时空向量的长度平方不变，即

$$x^2=g_{\alpha\beta}x^{\alpha}x^{\beta}=x'^2=g_{\mu\nu}\Lambda^{\mu}_{\alpha}\Lambda^{\nu}_{\beta}x^{\alpha}x^{\beta} \tag{6.74}$$

因此，

$$g_{\alpha\beta}=g_{\mu\nu}\Lambda^{\mu}_{\alpha}\Lambda^{\nu}_{\beta} \tag{6.75}$$

或

$$g^{\mu\nu}=\Lambda^{\mu}_{\alpha}\Lambda^{\nu}_{\beta}g^{\alpha\beta} \tag{6.76}$$

洛伦兹变换矩阵 Λ^{μ}_{ν} 共有 16 个分量。上述方程给出 10 个约束。因此，洛伦兹群有 6 个独立参数。另外，上式可以变为

$$\Lambda g\Lambda^{\mathrm{T}}=g \tag{6.77}$$

两边同乘 g，并利用 $gg=I$，得

$$\Lambda g\Lambda^{\mathrm{T}}g=I \tag{6.78}$$

即

$$g\Lambda^{\mathrm{T}}g=\Lambda^{-1} \tag{6.79}$$

对 $\Lambda g\Lambda^{\mathrm{T}}=g$ 两边取行列式，得 $(\det\Lambda)^2=1$，所以

$$\det\Lambda=\pm1 \tag{6.80}$$

因为与单位元连通的变换必须满足行列式为 1 的条件，则

$$\det\Lambda=\Lambda^{0}_{\mu}\Lambda^{1}_{\nu}\Lambda^{2}_{\alpha}\Lambda^{3}_{\beta}\varepsilon^{\mu\nu\alpha\beta}=1 \tag{6.81}$$

其中 $\varepsilon^{\mu\nu\alpha\beta}$ 为四维时空的全反对称张量，且 $\varepsilon^{0123}=1$。

$$\Lambda^{\lambda}_{\mu}\Lambda^{\sigma}_{\nu}\Lambda^{\gamma}_{\alpha}\Lambda^{\kappa}_{\beta}\varepsilon^{\mu\nu\alpha\beta}=\varepsilon^{\lambda\sigma\gamma\kappa} \tag{6.82}$$

取 $g_{\alpha\beta}=g_{\mu\nu}\Lambda^{\mu}_{\alpha}\Lambda^{\nu}_{\beta}$ 中的 $\alpha=\beta=0$，得

$$(\Lambda^{0}_{0})^2-\sum(\Lambda^{i}_{0})^2=1 \tag{6.83}$$

由此可得

$$(\Lambda^{0}_{0})^2\geqslant 0\quad 或\quad \Lambda^{0}_{0}\leqslant -1 \tag{6.84}$$

由于恒等变换 $\Lambda^{0}_{0}=1$，故与单位元连通的变换必须有 $\Lambda^{0}_{0}\geqslant 1$。

一般洛伦兹群按 $\det\Lambda=\pm1$ 和 $\Lambda^{0}_{0}\geqslant 1$ 或 $\Lambda^{0}_{0}\leqslant -1$ 分为 4 个不连通的分支，其中

满足 $\det\Lambda = 1, \Lambda_0^0 \geqslant 1$ 的分支包含单位元，本身构成群，且是一般洛伦兹群的不变子群，用 $L_+^\uparrow$ 表示。其余分支则包含了时间反演和空间反演，分别用 $L_+^\downarrow$，$L_-^\uparrow$，$L_-^\uparrow$ 表示。可以将一般洛仑兹群按其不变子群分为

$$L = L_+^\uparrow \oplus gL_+^\uparrow \oplus (-g)L_+^\uparrow \oplus (-I)L_+^\uparrow \tag{6.85}$$

其中 I 为 4×4 单位矩阵。商群

$$L / L_+^\uparrow = \{I, g, -g, -I\} \tag{6.86}$$

是一个四阶群。很显然，三维空间的转动是一般洛伦兹变换的特殊情况，

$$(\Lambda_\nu^\mu) = R = \begin{pmatrix} 1 & 0 & 0 & 0 \\ 0 & R_1^1 & R_2^1 & R_3^1 \\ 0 & R_1^2 & R_2^2 & R_3^2 \\ 0 & R_1^3 & R_2^3 & R_3^3 \end{pmatrix} \tag{6.87}$$

其中 (R_j^i) 是 3×3 的三维转动矩阵。沿 x_1 方向的特殊洛伦兹变换可写为

$$(\Lambda_\nu^\mu) = L(\xi_1) = \begin{pmatrix} \cosh\xi_1 & \sinh\xi_1 & 0 & 0 \\ \sinh\xi_1 & \cosh\xi_1 & 0 & 0 \\ 0 & 0 & 1 & 0 \\ 0 & 0 & 0 & 1 \end{pmatrix} \tag{6.88}$$

其中

$$\cosh\xi_1 = r = \frac{1}{\sqrt{1 - \frac{v_1^2}{c^2}}}, \quad \sinh\xi_1 = r\frac{v_1}{c} \tag{6.89}$$

由于洛伦兹群的参数不是在一个有限范围内取值，故洛伦兹群是非紧致群。洛伦兹变换矩阵不是幺正的。

6.3.2 洛伦兹群的生成

考虑无穷小变换 $\Lambda = I + \varepsilon$，代入 $\Lambda g \Lambda^{\mathrm{T}} = g$ 中，得

$$\varepsilon g + g\varepsilon^{\mathrm{T}} = 0 \tag{6.90}$$

如果将矩阵 ε 的元素写成 $w_{\mu\nu}$，则将度规张量 g 代入上式得

$$w_{00} = w_{ii} = 0, \quad w_{0i} = w_{i0} = \xi_i, \quad w_{ij} = -w_{ji} = -\varepsilon_{ijk}\alpha_k$$

即

$$\varepsilon=\begin{pmatrix}0 & \xi_1 & \xi_2 & \xi_3\\ \xi_1 & 0 & -\alpha_3 & \alpha_2\\ \xi_2 & \alpha_3 & 0 & -\alpha_1\\ \xi_3 & -\alpha_2 & \alpha_1 & 0\end{pmatrix}=\xi_i K_i+\alpha_i J_i,\tag{6.91}$$

其中 $K_i(i=1,2,3)$，$J_i(i=1,2,3)$ 分别对应纯洛伦兹变换和空间转动的无穷小生成元，满足

$$\begin{cases}[K_i,K_j]=-\varepsilon_{ijk}J_k\\ [J_i,J_j]=\varepsilon_{ijk}J_k\\ [J_i,K_j]=\varepsilon_{ijk}K_k\end{cases}\tag{6.92}$$

一般的洛伦兹变换可表示为

$$\Lambda=\exp\left(\xi_i K_i+\alpha_i J_i\right)\tag{6.93}$$

洛伦兹群的 6 个无穷小算子为

$$\begin{cases}\hat{K}_1=x_1\dfrac{\partial}{c\partial t}+ct\dfrac{\partial}{\partial x_1},\ \hat{K}_2=x_2\dfrac{\partial}{c\partial t}+ct\dfrac{\partial}{\partial x_2},\ \hat{K}_3=x_3\dfrac{\partial}{c\partial t}+ct\dfrac{\partial}{\partial x_3}\\ \hat{J}_1=x_2\dfrac{\partial}{\partial x_3}-x_3\dfrac{\partial}{\partial x_2},\ \hat{J}_2=x_3\dfrac{\partial}{\partial x_1}-x_1\dfrac{\partial}{\partial x_3},\ \hat{J}_3=x_1\dfrac{\partial}{\partial x_2}-x_2\dfrac{\partial}{\partial x_1}\end{cases}\tag{6.94}$$

对易关系为

$$\begin{cases}[\hat{K}_i,\hat{K}_j]=-\varepsilon_{ijk}I_k\\ [\hat{J}_i,\hat{J}_j]=\varepsilon_{ijk}\hat{J}_k\\ [\hat{J}_i,\hat{K}_j]=\varepsilon_{ijk}\hat{K}_k\end{cases}\quad i,j,k=1,2,3\tag{6.95}$$

引入

$$\hat{L}_i=-\frac{1}{2}(\hat{J}_i+i\hat{K}_i),\quad \hat{M}_i=-\frac{1}{2}(\hat{J}_i-i\hat{K}_i),\quad i=1,2,3$$

可得对易关系

$$\begin{cases}[\hat{L}_i,\hat{L}_j]=\varepsilon_{ijk}\hat{L}_k\\ [\hat{M}_i,\hat{M}_j]=\varepsilon_{ijk}\hat{M}_k\\ [\hat{L}_i,\hat{M}_j]=0\end{cases}\tag{6.96}$$

因此，洛伦兹群的 6 个无穷小算子可以重新组合成两组相互对易的算子，即洛伦兹群的李代数可以和 $SU(2)\times SU(2)$ 群的李代数建立同构关系。所以，可以由 $SU(2)\times SU(2)$ 李代数的不可约表示得到洛伦兹群的不可约表示。

6.4 李群的张量表示

容易证明，如果 $D(g)$ $(g\in G)$ 是群 G 的一个表示，则 $(D^{-1}(g))^{\mathrm{T}}, D^{*}(g), (D^{-1}(g))^{\dagger}$ 也是群 G 的表示，因为

$$(D^{-1}(g_1))^{\mathrm{T}}(D^{-1}(g_2))^{\mathrm{T}}=(D^{-1}(g_2)D^{-1}(g_1))^{\mathrm{T}}=(D^{-1}(g_1g_2))^{\mathrm{T}}$$

对一般线性李群 $GL(n,C)$，其群元 $g\in GL(n,C)$ 本身是 $n\times n$ 矩阵，所以其自身就是一个 n 维不可约表示，即基本表示 (忠实表示)。

由上述 4 个基本表示出发，通过矩阵直积方式就可以得到 $GL(n,C)$ 的所有有限维不可约表示。

习　题

1. 对一维线性非齐次变换 $x'=ax+b$，求无穷小算子及相应的对易关系。
2. 求 $SO(n)$ 群的无穷小算子。
3. 求 $GL(2,R)$ 的 4 个生成元。
4. 计算 $SU(3)$ 直积表示 $[2]\otimes[1]$ 的 C-G 级数和 C-G 系数。
5. 计算 $SO(7)$ 直积表示 $[210]\otimes[100]$ 的 C-G 级数。
6. 设平面中每一点用向量 $\begin{pmatrix}x\\y\end{pmatrix}$ 表示，则平面中欧氏变换 $\begin{pmatrix}x'\\y'\end{pmatrix}=\begin{pmatrix}\cos\theta & -\sin\theta\\ \sin\theta & \cos\theta\end{pmatrix}\begin{pmatrix}x\\y\end{pmatrix}$ 的全体构成 $E(2)$ 群。证明：$E(2)$ 是李群。
7. 海森堡群中任一群元均为 3×3 矩阵 $\begin{pmatrix}1 & a & b\\ 0 & 1 & c\\ 0 & 0 & 1\end{pmatrix}$。求相应的无穷小算子以及对易关系。
8. 证明 $SO(2,1)$ 保持 $x_1^2+x_2^2-x_3^2$ 不变。并求其无穷小算子及相应的对易关系。
9. 计算 $SU(6)$ 不可约表示[3], [2　1], [3　3], [4　2], [5　1]的维数。
10. 计算 $SO(3)$ 在类函数空间的表示。

第 7 章　李代数的基础知识

每一个李群都对应一个李代数，李代数决定李群单位元附近的局部性质。研究李代数的结构及其表示对研究李群的结构及其表示非常重要。

7.1　李　代　数

7.1.1　李代数的概念

设 L 是数域 K (实数域 R 或复数域 C) 上的有限维线性向量空间，定义映射：$L \times L \to L$，$x, y \to [x, y]$，其中方括号运算 $[\cdot, \cdot]$ 称为李括号或李积。它满足下列条件：

(1) 在向量空间中取一组基 $\{x_i, i = 1, 2, \cdots\}$，对任意 $x_i, x_j \in L$，有

$$[x_i, x_j] = c_{ij}^k x_k \in L \tag{7.1}$$

其中 $c_{ij}^k \in K$ 称为结构常数。

(2) 对任意向量 $x, y_1, y_2 \in L$，$\lambda_1, \lambda_2 \in K$，有

$$[x, \lambda_1 y_1 + \lambda_2 y_2] = \lambda_1 [x, y_1] + \lambda_2 [x, y_2] \tag{7.2}$$

(3) 对任意向量 $x, y \in L$，有

$$[x, y] = -[y, x] \tag{7.3}$$

(4) 满足雅可比恒等式，即对任意 $x, y, z \in L$，有

$$[x, [y, z]] + [y, [z, x]] + [z, [x, y]] = 0 \tag{7.4}$$

则 L 就构成一个李代数。L 的维数即为李代数的维数，记为 $\dim L$。若 L 定义在实数域 R 上，则称为实李代数。若 L 定义在复数域 C 上，则称为复李代数。

将向量 $\{x_i, i = 1, 2, 3, \cdots\}$ 代入 (3)，(4)，分别可得

$$c_{ij}^k = -c_{ji}^k \tag{7.5}$$

$$c_{ij}^l c_{lk}^m + c_{jk}^l c_{li}^m + c_{ki}^l c_{lj}^m = 0 \tag{7.6}$$

这是李代数的结构常数必须满足的两个方程。给定这两个方程实际上就给定了一个李代数。注意，这里的李括号是一个很一般的二元运算，可以有多种定义，如对易子$[x_i,x_j]=x_ix_j-x_jx_i$。

本书讨论的李代数都采用对易子的定义。对于由线性算子$\{\Gamma_a,a=1,2,\cdots\}$构成的李代数，对易子定义为$[\Gamma_a,\Gamma_b]\phi=\Gamma_a(\Gamma_b\phi)-\Gamma_b(\Gamma_a\phi)$，其中$\phi$是算子$\Gamma_a$的作用空间上的任意函数。如果对任意的$x_i,x_j\in L$，都有$\lfloor x_i,x_j\rfloor=0$，则称$L$为阿贝尔李代数或交换李代数。

7.1.2 几种常见李代数

按照定义，容易发现，$SO(3)$群的三个无穷小生成元（为了方便起见，对标准形式作变换$x_i\to -x_i$）

$$x_1=\begin{pmatrix}0&0&0\\0&0&1\\0&-1&0\end{pmatrix},\quad x_2=\begin{pmatrix}0&0&-1\\0&0&0\\1&0&0\end{pmatrix},\quad x_3=\begin{pmatrix}0&1&0\\-1&0&0\\0&0&0\end{pmatrix}$$

在对易子的运算下构成李代数

$$[x_1,x_2]=-x_3,\quad [x_2,x_3]=-x_1,\quad [x_3,x_1]=-x_2$$

该李代数记为$so(3)$，其结构常数为$c_{ij}^k=-\varepsilon_{ijk}$，$\varepsilon_{ijk}=1$。这些生成元（即$so(3)$的基）都是零迹反对称$3\times3$矩阵，而实李代数$so(3)$的任意元素都可以表示为这些生成元的实系数线性组合。所以实李代数$so(3)$是所有零迹反对称3×3实矩阵的集合。

$SO(3)$群的三个无穷小算子

$$x_1=x_2\frac{\partial}{\partial x_3}-x_3\frac{\partial}{\partial x_2},\quad x_2=x_3\frac{\partial}{\partial x_1}-x_1\frac{\partial}{\partial x_3},\quad x_3=x_1\frac{\partial}{\partial x_2}-x_2\frac{\partial}{\partial x_1}$$

也构成实李代数$so(3)$。

类似地，$SU(2)$群的三个无穷小生成元

$$x_1=\frac{1}{2}\begin{pmatrix}0&i\\i&0\end{pmatrix}=\frac{i}{2}\sigma_1,\quad x_2=\frac{1}{2}\begin{pmatrix}0&1\\-1&0\end{pmatrix}=\frac{i}{2}\sigma_2,\quad x_3=\frac{1}{2}\begin{pmatrix}i&0\\0&-i\end{pmatrix}=\frac{i}{2}\sigma_3$$

构成实李代数$su(2)$。显然，$su(2)$是所有零迹反厄米的2×2矩阵集合。

$SU(2)$群的三个无穷小算子

$$x_1=\frac{i}{2}\left(u_1\frac{\partial}{\partial u_2}+u_2\frac{\partial}{\partial u_1}\right),\quad x_2=\frac{1}{2}\left(u_1\frac{\partial}{\partial u_2}-u_2\frac{\partial}{\partial u_1}\right),\quad x_3=\frac{i}{2}\left(u_1\frac{\partial}{\partial u_1}-u_2\frac{\partial}{\partial u_2}\right)$$

也构成李代数 $su(2)$。

事实上，每个线性李群 G 都对应一个实李代数 L，如 $SU(n)$ 群对应的李代数为 $su(n)$； $SO(n)$ 群对应的李代数为 $so(n)$； $SO(p,q)$ 对应的李代数为 $so(p,q)$； $Sp(2n)$ 对应的李代数为 $sp(2n)$。

注意，L 是实李代数并不意味着 L 的元素一定实，如 $su(2)$ 的三个基本表达。其实，所谓实李代数 L 只是要求 L 的任意元素是基 $x_1,x_2,\cdots,x_i$ 的实系数线性组合。

如将实系数扩充为复系数，则称为实李代数 L 的复化，用 $\tilde{L}$ 表示。此时，实李代数 L 称为复化李代数 $\tilde{L}$ 的实形。由于 L 和其复化 $\tilde{L}$ 的基相同，故 L 和 $\tilde{L}$ 具有相同的维数和相同的结构常数。

复李代数的分类比实李代数更简单。故总先讨论实李代数 L 的复化 $\tilde{L}$。但对于不同的实李代数，其复化形式可能相同，也就是说，同一复李代数可以有相同实形。

7.1.3　子代数和理想

如果 U 是 L 的一个子空间，且当 $x_i,x_j\in U$ 时，有 $[x_i,x_j]\in U$，则称 U 为 L 的子代数。如果

$$[x_i,x_j]=0,\quad \forall x_i,x_j\in U \tag{7.7}$$

则称 U 为 L 的阿贝尔子代数。

给定李代数 L 的子代数 U，如果对任意 $x\in U$ 和 $y\in L$，都满足

$$[x,y]\in U \tag{7.8}$$

则称 U 为 L 的不变子代数。不变子代数又称为理想。不变子代数对应李群的不变子群。

设李代数 L 有两个子代数 L_1，L_2，如果 L 对应的向量空间是 L_1 和 L_2 的向量空间的直和，且对任意 $x_1\in L_1,x_2\in L_2$，都有 $[x_1,x_2]=0$ 则称李代数 L 是其子代数 L_1 和 L_2 的直和，记作 $L=L_1\oplus L_2$。显然，如果李群 G_1 的李代数为 L_1，G_2 的李代数为 L_2，则李群 $G_1\otimes G_2$ 的李代数与 $L_1\otimes L_2$ 同构。

对于李代数 L，如果除 L 本身和 $\{0\}$ 外无非平凡的不变子代数，则称之为单李代数。如果除 $\{0\}$ 外无阿贝尔不变子代数，则称之为半单李代数。

一维李代数一定是阿贝尔代数，故不是半单的。阿贝尔李代数既不是单的，也不是半单的。因此，单李代数或半单李代数的维数一定大于 1。如果 L 是单的，

则它一定是半单的，但反过来不成立。

单李代数对应的李群是单群。半单李代数对应的李群是半单群。

可以证明，如果 $\tilde{L}$ 是单的，则 L 也是单的。数学上，所有复单李代数共有 4 个无穷序列：

$$\tilde{L}=A_l,\quad L=su(l+1),\quad l=1,2,\cdots \tag{7.9}$$

$$\tilde{L}=B_l,\quad L=so(2l+1),\quad l=1,2,\cdots \tag{7.10}$$

$$\tilde{L}=C_l,\quad L=sp(l),\quad l=1,2,\cdots \tag{7.11}$$

$$\tilde{L}=D_l,\quad L=so(2l),\quad l=3,4,\cdots \tag{7.12}$$

它们统称为经典单李代数。

对于 D_l 序列，D_1 对应的实李代数 $so(2)$ 是阿贝尔李代数，D_2 对应的实李代数 $so(4)$ 是半单李代数。这两个都不是单李代数。其余 5 个单李代数 G_2,F_4,E_6,E_7,E_8 则称为例外单李代数。

定理 7.1.1 每个半单李代数或是单的，或是一些单李代数的直和，即当 L 是半单时，存在一些单李代数 $L_k(k=1,2,\cdots,m)$，使得

$$L=L_1\oplus L_2\oplus\cdots\oplus L_m \tag{7.13}$$

其中 L_k 都是 L 的不变子代数，并且该分解是唯一的。

定义 7.1.1 设 L 和 L' 是两个李代数，如果存在映射 $f:L\to L'$，使得

$$f([x,y])=[f(x),f(y)]=[x',y'] \tag{7.14}$$

其中 $x,y\in L$，$x'=f(x)\in L', y'=f(y)\in L'$，则称 f 为从 L 到 L' 的同态。如果 f 是一一对应的，则称为同构。

7.2 李代数的表示

定义 7.2.1 对于任意 $x\in L$，如果存在一个 $d\times d$ 的矩阵 $\Gamma(x)$，使得

(1) 对任意 $x,y\in L$，有 $\Gamma(\lambda_1 x+\lambda_2 y)=\lambda_1\Gamma(x)+\lambda_2\Gamma(y)$，$\lambda_1,\lambda_2$ 是常数；

(2) 对任意 $x,y\in L$，有 $\Gamma([x,y])=[\Gamma(x),\Gamma(y)]$，

则称这些矩阵构成李代数 L 的 d 维表示。

显然，在构造李代数的表示时，只需要对每个基 x_i 写出其表示矩阵 $\Gamma(x_i)$ 就够了。

$$\hat{\Gamma}_{x_j}\phi_j = \sum_{k=1}^{d}(\Gamma(x_i))_{kj}\phi_k, \quad i=1,2,\cdots$$

其中$\hat{\Gamma}_{x_i}$是对于$x_i \in L$的算子，$\{\phi_j\}$是表示空间的一组基。

对于李代数 L 的表示，同样可以引入等价表示、不可约表示等概念。同样可以证明，半单李代数的表示如果可约则一定完全可约。

另外，可以证明，对于单连通李群 G，由李代数 L 的表示Γ_x可以得到相应李群的一个表示，即$\Gamma(g)=\Gamma(e^x)=e^{\Gamma(x)}$。但对于非单连通李群，则李代数的一个表示不一定有对应的李群表示，而李群的每一个表示则一定对应唯一相应的李代数的一个表示。

7.2.1　伴随表示

利用结构常数可以构造李代数 L 的一个表示，即伴随表示：

$$(\mathrm{ad}(x_k))_{ij} = c_{kj}^{i} \tag{7.15}$$

将雅可比恒等式改为

$$c_{ij}^{l}c_{lk}^{m} + c_{jk}^{l}c_{li}^{m} + c_{ki}^{l}c_{lj}^{m} = c_{kl}^{m}c_{ji}^{l} + c_{jk}^{l}c_{li}^{m} - c_{jl}^{m}c_{ki}^{l} = 0$$

因此，

$$(\mathrm{ad}(x_k))_{ml}(\mathrm{ad}(x_j))_{li} + (ad[x_j,x_k])_{mi} - (\mathrm{ad}(x_j))_{ml}(\mathrm{ad}(x_k))_{li} = 0 \tag{7.16}$$

其中利用了等式

$$(\mathrm{ad}[x_j,x_k])_{mi} = (\mathrm{ad}(c_{jk}^{l}x_l))_{mi} = c_{jk}^{l}(\mathrm{ad}(x_l))_{mi} = c_{jk}^{l}c_{li}m$$

可以将 (7.16) 写成矩阵形式为

$$\mathrm{ad}[x_j,x_k] = [\mathrm{ad}(x_j),\mathrm{ad}(x_k)] \tag{7.17}$$

例如 $so(3)$，因为$c_{ij}^{k} = -\varepsilon_{ijk}$，所以$c_{kj}^{i} = -\varepsilon_{kji}$。因此$(\mathrm{ad}(x_k))_{ij} = -\varepsilon_{kji}$，具体为

$$\mathrm{ad}(x_1)=\begin{pmatrix}0 & 0 & 0\\ 0 & 0 & 1\\ 0 & -1 & 0\end{pmatrix},\quad \mathrm{ad}(x_2)=\begin{pmatrix}0 & 0 & -1\\ 0 & 0 & 0\\ 1 & 0 & 0\end{pmatrix},\quad \mathrm{ad}(x_3)=\begin{pmatrix}0 & 1 & 0\\ -1 & 0 & 0\\ 0 & 0 & 0\end{pmatrix}$$

7.2.2　基林形式

李代数 L 中任意两个元素 $x,y\in L$ 的基林形式 $g(x,y)$ 定义为

$$g(x,y) = \mathrm{tr}[\mathrm{ad}(x)\mathrm{ad}(y)] \tag{7.18}$$

其中$\mathrm{ad}(x)$为$x\in L$ 的伴随矩阵。取定一组基$\{x_i\}$后，可得

$$g_{ij} = g(x_i, x_j) = (\mathrm{ad}(x_i)_{kl}(\mathrm{ad}(x_j))_{lk} = c_{il}^k c_{jk}^l$$

称为李代数 L 的度规张量。

根据定义，将 $so(3)$ 李代数的伴随表示代入，得 $g_{ij} = -2\delta_{ij}$。容易证明，基林形式 $g(x,y)$ 是对称的，即

$$g(x,y) = \mathrm{tr}[\mathrm{ad}(x)\mathrm{ad}(y)] = \mathrm{tr}[\mathrm{ad}(y)\mathrm{ad}(x)] = g(y,x) \tag{7.19}$$

关于半单李代数有如下定理。

定理 7.2.1 李代数 L 是半单的，当且仅当其基林形式为非退化的，即

$$\det g_{ij} \neq 0 \tag{7.20}$$

该定理被称为卡当判据。

例如，李代数 $su(2)$ 和 $so(3)$ 都是半单的，因为不可能再进一步分解。另外，$su(2)$ 和 $so(3)$ 的基林形式是负定的，即

$$g_{ii} = g(x_i, x_i) < 0, \quad i = 1,2,3,$$

我们把满足条件

$$g(x,x) < 0, \quad \forall x \in L \tag{7.21}$$

的半单李代数称为紧致的。紧致半单李代数对应的是紧致李群。

7.2.3 根和邓金图

为了给出半单李代数的标准形式，考虑本征值方程

$$[A, X] = \rho X \tag{7.22}$$

ρ 为相应的本征值。因为 A, X 都是李代数基 $\{x_i\}$ 的线性组合，即 $A = a^i x_i$，$X = b^i x_i$，所以可得

$$a^i b^j C_{ij}^k x_k = \rho b^k x_k$$

又因为 $\{x_i\}$ 是线性无关的，所以

$$(a^i c_{ij}^k - \rho \delta_j^k) b^j = 0$$

该方程有非零解的条件为

$$\det[a^i c_{ij}^k - \rho \delta_j^k] = 0 \tag{7.23}$$

对于 r 维李代数 L，上述久期方程是 ρ 的 r 次方程，在复数域上有 r 个解，每个解称为李代数 L 的一个根。因此，r 维李代数有 r 个根，但可能重复。卡当证明，可以选择 A，使重根最少，并且对半单李代数而言，重根只发生在 $\rho = 0$ 的情况。

如果 $\rho = 0$ 的根是 l 重兼并的，则称 l 为半单李代数 L 的秩。对应于根 $\rho = 0$，

有 l 个线性无关的本征向量 H_i，满足

$$[A,H_i]=0,\quad i=1,2,\cdots,l \tag{7.24}$$

其余的 $r-l$ 个向量 E_α，都对应不同的根，即

$$[A,E_\alpha]=\alpha E_\alpha \tag{7.25}$$

由于 H_i 彼此对易，即

$$[H_i,H_j]=0,\quad i,j=1,2,\cdots,l \tag{7.26}$$

则集合 $\{H_i,\ i=1,2,\cdots,l\}$ 构成李代数 L 的一个 l 维的阿贝尔子代数。通常称为 L 的卡当子代数，记为 H。

因为 A 与 H_i 对易，因此 A 一定是 H_i 的线性组合。即 $A=\lambda^i H_i$。考虑

$$\begin{aligned}[A,[H_i,E_\alpha]]&=[A,H_iE_\alpha]-[A,E_\alpha H_i]\\&=H_i[A,E_\alpha]+[A,H_i]E_\alpha-E_\alpha[A,H_i]-[A,E_\alpha]H_i\\&=\alpha(H_iE_\alpha-E_\alpha H_i)=\alpha[H_i,E_\alpha]\end{aligned}$$

即 $[H_i,E_\alpha]$ 也是根为 α 的本征向量。但 α 是非兼并的，故本征向量 $[H_i,E_\alpha]$ 一定与 E_α 成正比，也就是

$$[H_i,E_\alpha]=\alpha_i E_\alpha \tag{7.27}$$

即相应的结构常数为 $c_{i\alpha}^{\beta}=\alpha_i\delta_\alpha^\beta$。利用

$$[A,E_\alpha]=\alpha E_\alpha,\quad A=\lambda^i H_i,\quad [H_i,E_\alpha]=\alpha_i E_\alpha$$

可得

$$\alpha=\lambda^i\alpha_i \tag{7.28}$$

因此，可以将 α_i 看作是 l 维空间的向量 α 的协变分量。α 称为根向量，简称根。

由雅可比恒等式

$$\lfloor A,\lfloor E_\alpha,E_\beta\rfloor\rfloor+\lfloor E_\alpha,\lfloor E_\beta,A\rfloor\rfloor+\lfloor E_\beta,\lfloor A,E_\alpha\rfloor\rfloor=0$$

可得

$$\lfloor A,\lfloor E_\alpha,E_\beta\rfloor\rfloor=(\alpha+\beta)\lfloor E_\alpha,E_\beta\rfloor \tag{7.29}$$

即如果 $\alpha+\beta\neq 0$，则 $\lfloor E_\alpha,E_\beta\rfloor$ 是对应于根 $\alpha+\beta$ 的本征向量，即

$$\lfloor E_\alpha,E_\beta\rfloor=N_{\alpha,\beta}E_{\alpha+\beta} \tag{7.30}$$

如果 $\beta=-\alpha$，则

$$\lfloor E_\alpha,E_\beta\rfloor=c_{\alpha,-\alpha}^{i}H_i \tag{7.31}$$

即结构常数为

$$c_{\alpha\beta}^{\lambda}=\begin{cases}N_{\alpha,\beta}, & \lambda=\alpha+\beta\text{是根}\\ 0, & \lambda=\alpha+\beta\neq 0\text{不是根}\end{cases}$$

定理 7.2.2 如果α是半单李代数L的一个非零根，则$-\alpha$也是L的根。

半单李代数L的对易关系可写为如下标准形式：

$$\begin{aligned}&[H_i,H_j]=0,\quad i,j=1,2,\cdots,l\\&[H_i,E_\alpha]=\alpha_i E_\alpha\\&[E_\alpha,E_\beta]=N_{\alpha,\beta}E_{\alpha+\beta},\quad \alpha+\beta\neq 0\\&[E_\alpha,E_{-\alpha}]=\alpha^i H_i\end{aligned}\tag{7.32}$$

定理 7.2.3 如果α,β是半单李代数L的非零根，则$\beta-\dfrac{2\alpha(\alpha,\beta)}{(\alpha,\alpha)}$也是根，并且$\dfrac{2(\alpha,\beta)}{(\alpha,\alpha)}$是整数，其中记号$(\alpha,\beta)$表示根向量$\alpha$和$\beta$之间的标量积，即

$$(\alpha,\beta)=\alpha^i\beta_i=g^{ij}\alpha_i\beta_j$$

根$\alpha=(\alpha_1,\alpha_2,\cdots,\alpha_l)$的第一个不为零的分量如果是正的，则称这个根是正根。如果一个正根不能分解为 2 个正根之和，则称为单根。对于秩为l的半单李代数而言，正好有l个单根，这l个单根是线性无关的，可以构成l维根向量空间的基。

定理 7.2.4 如果α,β是两个单根，且$\alpha\neq\beta$，则α,β之差不是单根，并且有

$$\frac{2(\alpha,\beta)}{(\alpha,\alpha)}=-q\tag{7.33}$$

其中q是整数。

定理 7.2.5 如果α,β是两个单根，则α,β的夹角和长度平方之比为

$$k^2=\frac{(\beta,\beta)}{(\alpha,\alpha)}=\begin{cases}3, & \theta=\dfrac{5\pi}{6}\\2, & \theta=\dfrac{3\pi}{4}\\1, & \theta=\dfrac{2\pi}{3}\\\text{任意}, & \theta=\dfrac{\pi}{2}\end{cases}\tag{7.34}$$

这里，$k=\sqrt{\dfrac{(\beta,\beta)}{(\alpha,\alpha)}}$为根向量长度之比。

对于任意单李代数，其单根最多只有两种不同长度。可以用图示办法把所有单根表示出来，两个单根之间的夹角为$\dfrac{2\pi}{3},\dfrac{3\pi}{4},\dfrac{5\pi}{6}$，将相应的两个圆分别用单

线、双线和三线连接。夹角为 $\dfrac{\pi}{2}$ 的两个单根不加连线。这种图形表示方式称为邓金图。

邓金证明：对于每一个单李代数，都有唯一的邓金图与之对应。如对于单李代数 B_2，即 $so(5)$ 的复化形式，其邓金图如图 7.2.1 所示。

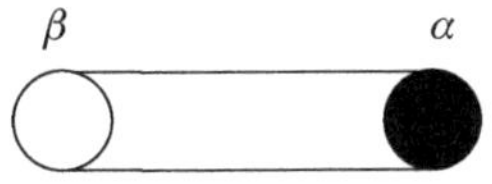

图 7.2.1

由单李代数 L 的 l 个单根 $\alpha_1,\alpha_2,\cdots,\alpha_j$，可以构造一个 $l\times l$ 的矩阵 A，称之为卡当矩阵，其定义为

$$A_{ij}=\frac{2(\alpha_i,\alpha_j)}{2(\alpha_i,\alpha_i)},\quad i,j=1,2,\cdots,l \tag{7.35}$$

由定义知，卡当矩阵的对角元恒为 2，而非对角元只能取 0, −1, −2, −3。且当 $A_{ij}=0$ 时，有 $A_{ji}=0$，如 B_2 的卡当矩阵为 $\begin{pmatrix}2 & -1\\ -2 & 2\end{pmatrix}$； $su(3)$ 的复化形式 A_2 的卡当矩阵为 $\begin{pmatrix}2 & -1\\ -1 & 2\end{pmatrix}$。

由复单李代数 $\tilde{L}$ 根的信息 (邓金图) 可以导出卡当矩阵，而由 $\tilde{L}$ 的卡当矩阵也可以推导出所有根的信息。两种描述方式等价。

7.2.4　权

卡当子代数 H 的 l 个基 $H_i(i=1,2,\cdots,l)$ 彼此对易。因此可以有共同的本征态，满足

$$H_i|\wedge\rangle=\wedge_i|\wedge\rangle,\quad i=1,2,\cdots,l \tag{7.36}$$

其中 $\wedge=\{\wedge_1,\wedge_2,\cdots,\wedge_l\}$ 称为权向量，简称权。将 $|\wedge\rangle$ 称为属于权 $\wedge$ 的本征态。

易证，如果 $|\wedge\rangle$ 是属于权 $\wedge$ 的本征态，则 $E_\alpha|\wedge\rangle$ 是属于权 $\wedge+\alpha$ 的本征态，即

$$H_iE_\alpha|\wedge\rangle=([H_i,E_\alpha]+E_\alpha H_i)|\wedge\rangle=(\alpha_i+\wedge_i)E_\alpha|\wedge\rangle \tag{7.37}$$

可以证明，属于不同权的本征态是线性独立的。在 d 维表示空间中最多只有 d 个权。如果一个权对应的独立本征态有 m 个，则称这个权是 m 重兼并的。如果一个权的独立本征态只有一个，则称其为单权。

如果权 $\wedge$ 的第 1 个不为零的分量是正的，则称该权是正的。如果 $\wedge_1$ 和 $\wedge_2$ 的

差是正的，则称权 $\wedge_1$ 高于 $\wedge_2$。如果权 $\wedge_1$ 比任何其他权都高，则称为最高权。复半单李代数 $\tilde{L}$ 的每一个不可约表示都由其最高权唯一确定。邓金给出如下定理。

定理 7.2.6 $\wedge$ 是复半单李代数 $\tilde{L}$ 不可约表示最高权的充要条件是

$$\lambda_\alpha = \frac{2(\wedge,\alpha)}{(\alpha,\alpha)} \tag{7.38}$$

为非负整数，这里 α 是单根。

定理 7.2.7 如果 $\wedge$ 是复半单李代数 $\tilde{L}$ 的不可约表示的最高权，则 $\wedge$ 一定是单权，且不可约表示的其他权可以表示为

$$\wedge' = \wedge - \sum_{i=1}^{l} q_i\alpha_i,\quad q_i\text{为非负整数} \tag{7.39}$$

由该定理，从最高权出发，可以求出不可约表示所有权和权对应的本征向量，然后通过对易关系，即可得到复半单李代数 $\tilde{L}$ 的不可约表示矩阵。

对于李代数 A_1，三个基为 $\{H_{\alpha_1}, E_{\alpha_1}, E_{-\alpha_1}\}$，满足对易关系

$$\lfloor H_{\alpha_1}, E_{\alpha_1} \rfloor = E_{\alpha_1},\quad \lfloor H_{\alpha_1}, E_{-\alpha_1} \rfloor = -E_{-\alpha_1},\quad \lfloor E_{\alpha_1}, E_{-\alpha_1} \rfloor = 2H_{\alpha_1} \tag{7.40}$$

不可约表示 $\Gamma(\{n_1\})$ 的最高权为 $\wedge = \frac{1}{2}n_1\alpha_1 = j\alpha_1$，相应的权系为 $j\alpha_1$，$(j-1)\alpha_1,\cdots,-j\alpha_1$ 一共 $2j+1$ 个权，都是单权，可以取本征向量

$$\begin{cases} |jj\rangle = |\wedge\rangle \\ |jm\rangle = E_{-\alpha_1}|j,m+1\rangle, \quad m = j-1, j-2, \cdots, -j \end{cases} \tag{7.41}$$

因此，

$$\begin{cases} H_{\alpha_1}|jm\rangle = m|jm\rangle \\ E_{\alpha_1}|jm\rangle = \sqrt{(j-m)(j+m+1)}\,|j,m+1\rangle \\ E_{-\alpha_1}|jm\rangle = \sqrt{(j+m)(j-m+1)}\,|j,m-1\rangle \end{cases} \tag{7.42}$$

其中 $m = j, j-1, \cdots, -j$。

7.2.5 卡西米尔算子

对于半单李代数，有 $\det g_{ij} \neq 0$，故度规张量 g_{ij} 的逆满足 $g_{ij}g^{jk} = \delta_i^k$。

定义卡西米尔 (Casimir) 算子为

$$C = g^{ij}X_iX_j \tag{7.43}$$

可以证明 C 与无穷小算子 X_i 对易，即

$$
\begin{aligned}
[c, X_m] &= g^{ij}[X_i X_j, X_m] = g^{ij} X_i [X_j, X_m] + g^{ij}[X_i, X_m] X_j \\
&= g^{ij} C_{jm}^k X_i X_k + g^{ij} C_{im}^k X_k X_j \\
&= g^{ij} C_{jm}^k (X_i X_k + X_k X_i) \\
&= g^{ij} g^{kl} C_{ljm} (X_i X_k + X_k X_i) \\
&= 0, \quad m = 1, 2, \cdots
\end{aligned} \tag{7.44}
$$

这里利用了 $g^{ij} g^{kl}(X_i X_k + X_k X_i)$ 关于 jl 对称，但 C_{ljm} 关于 jl 反对称，即 $C_{ljm} = -C_{jlm}$。

对于李代数 $so(3)$，$C_{ij}^k = -\varepsilon_{ijk}$，则有

$$
g_{ij} = C_{ik}^m C_{jm}^k = \varepsilon_{ikm} \varepsilon_{jmk} = -\varepsilon_{ikm} \varepsilon_{jkm} = -2\delta_{ij}
$$

其逆为 $g^{ij} = -\frac{1}{2}\delta^{ij}$。相应的卡西米尔算子为

$$
C = g^{ij} X_i X_j = -\frac{1}{2}(X_1^2 + X_2^2 + X_3^2) = \frac{1}{2}(L_1^2 + L_2^2 + L_3^2) = \frac{1}{2}\vec{L}^2
$$

可见，李代数 $so(3)$ 的卡西米尔算子正是体系角动量平方的一半。

一般地，可以构造一系列卡西米尔算子

$$
I_n = C_{\mu_1 \nu_1}^{\nu_2} C_{\mu_2 \nu_2}^{\nu_3} \cdots C_{\mu_n \nu_n}^{\nu_1} X^{\mu_1} X^{\mu_2} \cdots X^{\mu_n}, \quad n \geqslant 2
$$

其中 $I_2 = C$ 逆变形式定义为

$$
X^{\mu} = g^{\mu\nu} X_{\nu}
$$

可以证明，这些卡西米尔算子与所有无穷小算子对易，即

$$
[I_n, X_m] = 0, \quad n = 2, 3, \cdots, m = 1, 2, \cdots \tag{7.45}
$$

实际上，并不是所有 I_n 都独立，对 $so(3)$，只有 I_2 独立。

一般秩为 l 的李代数可以构造出 l 个独立的卡西米尔算子，如对下列经典李代数，独立的卡西米尔算子为

$$
\begin{aligned}
&su(l+1), \quad A_l \Rightarrow I_2, I_3, \cdots, I_{l+1} \\
&so(2l+1), \quad B_l \Rightarrow I_2, I_4, \cdots, I_{2l} \\
&sp(2l), \quad C_l \Rightarrow I_2, I_4, \cdots, I_{2l} \\
&so(2l), \quad D_l \Rightarrow I_2, I_4, \cdots, I_{2l-2}, I_{2l}
\end{aligned}
$$

卡西米尔的本征值可以用来标记不可约表示。

习　题

1. 求 $su(2)$ 代数的伴随表示及其基林形式。
2. 求 $su(3)$ 代数的伴随表示及其基林形式。
3. 证明 $su(2)$ 和 $so(3)$ 都是单李代数。
4. 求 $so(3)$ 代数的度规张量。
5. 证明：如果 α 是半单李代数 L 的一个非零根，则 $-\alpha$ 也是 L 的根。
6. 证明：如果 α, β 是半单李代数 L 的非零根，则 $\beta - \dfrac{2\alpha(\alpha,\beta)}{(\alpha,\alpha)}$ 也是根。
7. 证明属于不同权的本征态线性独立。
8. 试求 C_2 代数的卡当矩阵。
9. 试求 B_3 代数的卡当矩阵。
10. 求 $so(4)$ 的卡西米尔算子。

主要参考文献

[1] 谢希德，蒋平，陆奋. 群论及其在物理学中的应用[M]. 北京：科学出版社, 1986.

[2] 韩其智，孙洪洲. 群论[M]. 北京：北京大学出版社, 1987.

[3] 高崇寿. 群论及其在粒子物理学中的应用[M]. 北京：高等教育出版社, 1992.

[4] Sternberg S. Group Theory and Physics[M]. Cambridge：Cambridge University Press, 1995.

[5] Jones H F. Group, Representations and Physics[M]. London：Tylor & Francis, 1998.

[6] 马中骐. 群论习题精解[M]. 北京：科学出版社, 2002.

[7] Chen J Q, Ping J L, Wang F. Group Representation Theory for Physicsts (2nd Edition) [M]. Singapore：World Scientific, 2002.

[8] Lipkin H J. Lie Group for Pedestrians[M]. New York：Dover Publications, 2002.

[9] 马中骐. 物理学中的群论 (第二版) [M]. 北京：科学出版社, 2006.

[10] Cornwell J F. Group Theory in Physics：An Introduction[M]. Singapore：Academic Press & World Scientific, 2006.

[11] Gilmore R. Lie Algebras, and Some of Their Applications[M]. New York：Dover Publications, 2006.

[12] 徐建军. 物理学中的群论基础[M]. 北京：清华大学出版社, 2010.